U0195010

我们应该留给孩子什么

让孩子一生不愁的5个账户

察渊◎著

北京大学出版社
PEKING UNIVERSITY PRESS

图书在版编目（CIP）数据

我们应该留给孩子什么：让孩子一生不愁的5个账户 / 察渊著．—北京：北京大学出版社，2014.1

ISBN 978-7-301-21983-6

Ⅰ．①我… Ⅱ．①察… Ⅲ．①财务管理—青年读物 ②财务管理—少年读物 Ⅳ．①TS976.15-49

中国版本图书馆CIP数据核字（2013）第015638号

书　　名：我们应该留给孩子什么——让孩子一生不愁的5个账户

著作责任者：察　渊　著
责 任 编 辑：宋智广　许　志
标 准 书 号：ISBN 978-7-301-21983-6/F · 3488
出 版 发 行：北京大学出版社
地　　　址：北京市海淀区成府路205号 100871
网　　　址：http://www.pup.cn　　新浪官方微博：@北京大学出版社
电 子 信 箱：rz82632355@163.com
电　　　话：邮购部：62752015　　发行部：62750672
编辑部：82632355　　出版部：62754962
印　刷　者：北京天宇万达印刷有限公司
经　销　者：新华书店
700毫米×900毫米　32开本　6印张　125千字
2014年1月第1版　2014年1月第1次印刷
定　　　价：28.00元

创造“富孩子”

我们常常说不能让孩子输在起跑线上。于是，从胎教开始，我们就尝试着对孩子的智商、情商进行开发。如今，一方面在良好的生活条件下，孩子几乎不会因为后天因素，例如营养、医疗卫生等问题造成智商指数上的较大差距。另一方面，由于家长对孩子的心智教育越来越重视，孩子在情商上，也很少存在明显的缺陷。

当孩子在智商和情商上都处于相当的水平时，又怎么判断谁在未来更出彩呢？是不是拥有较高的学历、具备良好的品格就一定能胜人一筹？

事实证明，并非如此。智商和情商只是个人发展的两个重要方面，就像盛水的木桶，它由三块木板组成——其中一块是智商，一块是情商，这两块木板高度相当。而最终能决定木桶盛水量的，是组成木桶的第三块木板。

这第三块木板就是我们要提醒大家的“财商”。财商是一个人认识金钱和驾驭金钱的能力，也可以把它看成一个人在财务上所展示出来的智力。

财商并不是一门复杂的学问，它是每个人日常生活中必不可少的一部分。我们都得接触钱，赚钱、存钱、用钱、借钱，我们的生活离不开钱。那么，怎么让钱在我们的手中发挥出最大的价值，并且能够源源不断，这就是培养财商的意义所在。

要让孩子拥有高的财商，就需要从小对孩子进行理财教育。理财教育最早出现在欧美国家，随后传到亚洲的韩国和日本。而在中国，对孩子的财商教育是滞后的。因为，中国的父母普遍认为，孩子与金钱不能有直接的关系，否则可能会影响孩子的价值观。于是，很多人在孩子面前“谈钱色变”，不仅不会在适当的年龄主动地对孩子进行理财教育，反而刻意回避财富话题。这直接导致很多孩子的财商水平远远赶不上时代的变迁。

近些年，金融危机冲击着世界各国的经济，对财富的掌握能力在经济巨变中显得尤为重要。于是，越来越多的父母认识到，从小培养孩子的财商，对孩子进行理财教育，已经迫在眉睫了。儿童心理学家也指出：孩子对财富的兴趣是与生俱来的，早期的理财教育有益于帮助孩子树立一个正确、积极的金钱观，从而形成良好的理财习惯和技巧。

作为父母都有一个共同的特点，那就是只要是对孩子的成长和未来有益的，他们都会努力去做。理财教育当然也不例外。现阶段，各种各样的教育和培养方式层出不穷。有的父母为了培养孩子的财商，甚至从三四岁开始就教孩子做各种投资，包括比较复杂的期货与外汇。这种急功近利的方式，只会误导孩子。

于是，有人开始担心了：理财的知识如此丰富，我们该怎么教给孩子呢？万一把孩子培养成为“守财奴”或者“拜金狂”怎么办呢？

只要在对孩子进行理财教育的时候掌握分寸和技巧，这些担心就没有必要了。知识再多，也不能眉毛胡子一把抓。我们需要一个逻辑顺序与框架。正如此书，把理财的知识分为五个账户：储蓄账户、消费账户、分享账户、信用账户与投资账户。通过循序渐进地教导，把这五个账户教给我们的孩子，让他们掌握存钱、用钱、投资、感恩与慈善以及借贷的方法和技巧。这五个账户不仅能够开发孩子的财商，还可以提高孩子的情商。

每位家长都希望自己的孩子成为富有的人，这种富有包括物质上的富有和精神上的富有。穷孩子与富孩子并不是由他天赋的条件决定的，而是取决于后天的教育、培养和训练。只要按照科学的方法，有步骤、有节奏地教育、培养和训练孩子，每个孩子都可能在将来成为富有的人。相信本书提供的五个账户一定能助你一臂之力，造就富有的孩子。

你的到来，点燃爱的火花。
在深蓝夜空下，绽放出最美丽的光华。
我的孩子啊，就这样，看你笑容无暇。
就这样，陪你慢慢长大。
我心成花……

五个账户决定孩子的“财”能与“钱”途

2008年6月，微软创始人比尔·盖茨正式退休。令人震惊的是，他决定将自己580亿美元的财富全部捐献到慈善事业中去，不给自己的孩子留一分钱。

许多人对此表示不理解，但盖茨说，勤奋不懈的努力决定了一个人的成功，而非金钱。他很疼爱自己的孩子，但反对将金钱无条件地直接交给孩子。换句话说，他不希望自己的孩子变成啃老族。

“啃老族”可谓是红极一时的新名词，代指那些到了可以赚钱谋生的年龄，却依旧伸手向父母要钱生活的人。这一族群在80后、90后中最为多见。二十岁出头，花钱大手大脚，动辄全身奢侈品，令人咋舌；眼看到了三十而立的年纪，即便是结婚生子了，经济上依旧难以独立。不仅自己要依赖父母，连日后孩子上学，都可能要由父母提供经济支持。

当然，这其中有些人是被动啃老。

比如某些上班族，他们始终在努力想方设法赚钱。偏偏成长过程中从未有人告诉他们如何高效率地赚钱。除了活期存款外，他们对其他储蓄种类一知半解。股票、基金、保险、黄金这些投资名词，虽然听说过，但只知道有风险，从未实际接触过，更未因为某项投资受益过。

大学毕业进入社会后，他们面临种种压力。那时候才发现，自己首先需要从头学起的就是赚钱、花钱、管钱这些事，但不免为时过晚了。

归根结底，造成这一局面的根本原因，在于对孩子的教育过程中财商教育的缺失。

智商、情商和财商，是人生的三驾马车

什么是财商呢？财商指一个人认识、管理、应用财富的能力。它的英文原名是Financial Quotient，直译为“金融商数”，最早由美国著名畅销书作家罗伯特·清崎在享誉世界的《富爸爸穷爸爸》中提出。

智商指孩子具备的智慧；情商指孩子具备的情绪智商，反映了孩子与人之间的相处能力；财商则指孩子在经济领域的管控能力，它决定了孩子与财富之间的关系。智商、情商、财商只有实现完美平衡，孩子的综合能力才称得上全面，拥有成功也才会成为必然。

罗伯特·清崎说：“世界上绝大多数人奋斗终身却不能致

富，因为他们在学校中从未真正学习关于金钱的知识，所以他们只知道为钱而拼命工作，却从不学习如何让钱为自己工作。”这句话可谓一语中的。美国有研究人员曾对一百多个公司高层领导人分别进行智商、情商、财商的测试。结果发现多数领导人的智商分数平平，其中不少人与普通员工无异，但情商和财商的分数却很高。

安博教育的创始人黄劲博士认为，智商、情商和财商就像人生的三驾马车，带我们到达成功的彼岸，而教育则很好地连接了这三驾马车，让它们能沿着正确的方向并驾齐驱。

时至今日，财商教育已经成为全球热点，与智商和情商教育一样，被世界各国父母广泛关注和应用。

在美国，家长们非常注重培养孩子独立赚钱的能力。3岁左右的美国孩子，已经对纸币和硬币建立了概念。上小学之前，孩子就可以拥有属于自己的账户。部分美国孩子还有自己的基金，待其成年后使用。除此之外，打工赚钱在美国青少年群体中也是一种常态。即便是小学生，也会靠送报纸等方式赚钱。再大些的孩子则会通过帮助邻居修剪草坪赚到学杂费。通常美国的孩子年满16岁，在经济方面就已经可以完全独立了。

大家是否听说过美国的“柠檬水日”活动？这是美国亿万富翁迈克尔·霍特豪斯创立的一项公益活动。霍特豪斯的女儿10岁的时候，想要爸爸为她买一只小乌龟，霍特豪斯却断然拒绝了。他告诉女儿，想买小乌龟，就得自己去赚钱。于是，在星期天的早上，这位富翁陪着孩子在公路边搭起了一个小摊子卖柠檬水。这样一次行动，不仅让女儿赚到了钱，也让他从中获得了启发。

在美国，很多人儿时都有过在街头路边卖柠檬水的经历。卖柠檬水虽然是小事，但却俨然成了美国人培养孩子创业的课程。霍特豪斯说，一个孩子能赚多少钱并不重要，但是让他体验完整的创业过程，会让他一生受用。

日本在财商教育方面也做得不错。父母会给孩子建立零用钱账户，使其自主管理金钱。同时鼓励孩子去打工，通过送报纸，以及到餐厅或者便利店当服务生等方式，赚到学杂费。

此外，受到本国文化传统的影响，日本的父母会要求孩子谨慎处理借贷，尽量不要向他人借钱，保护好自己的信誉。在消费上更要求孩子要理智，如果孩子想要购物，一次只能购买一件商品。想要买更多，只能耐心等下个月父母发工资后，或者干脆自己去打工赚钱。

在新一轮的金融危机下，英国媒体评论说："越来越多的成年人陷入经济困境，这更提醒我们，儿童时期的理财教育非常重要。"但中国的父母总是认为自己的孩子太小，太早接触金钱会让他们变得拜金，可能让他们纯洁的心灵被铜臭味腐蚀。

瑞士著名心理学家、教育学家皮亚杰的理论指出，无论一个人成年后拥有怎样的思维体系，都与儿童时期有着密不可分的联系。科学研究发现，从小就接受财商教育的孩子，更容易培养起正确的金钱理念。长大之后，他们在会花钱的同时，更知道如何赚钱和理财。这些孩子的账户上拥有的不仅是金钱，更有驾驭财富的自信与能力。他们不仅不用为衣食担忧，还拥有雄厚的物质和心理资本，去接受更高层次的挑战，获得更多自我实现、自我超越的机会。

因此，问题不在于该不该让孩子接触金钱，而在于该如何让孩子接触金钱。

从0岁开始，为孩子设立五个账户

那么父母如何做，对培养孩子的财商来说才是最好的呢？最好的建议，就是从孩子0岁，也就是刚出生起，就将财商教育有意识地融入到家庭教育中来。

根据皮亚杰的能动构建理论，孩子的学习过程并非是单纯接受信息的过程。更重要的是，他们需要从内心深处愿意参与学习。而孩子年龄越小，从父母那里接受教育的意愿越强烈，父母也越容易将财商知识教给孩子，孩子对财富的理解才能越深刻。

为此，父母们不妨从孩子0岁起，帮助孩子建立五个账户——储蓄账户、消费账户、分享账户、信用账户与投资账户。

第一个账户：储蓄账户，能够令孩子通过积累的方式接触并认识财富。

在银行为孩子开设儿童账户、给孩子讲讲利息和利率的事情、带孩子去银行参观，可以培养孩子良好的储蓄习惯。这就好比给了孩子一个人生的存钱罐，会大大提高其以后人生的抗风险能力。

第二个账户：消费账户，有助于帮助孩子成为理性消费者。

父母要观察孩子的消费行为以及理念，有针对性地引导孩子理性消费，教给孩子量入为出的道理，让孩子学会合理地克制和满足自己的欲望。

第三个账户：分享账户，使孩子在拥有财富的同时，也享受到与人分享的乐趣。

在分享财富的过程中，孩子能够更好地意识到自我存在的价值，这能帮助他形成良好的品质。父母有责任帮助孩子建立正确的分享原则，让他知道，什么情况下可以分享财富，什么情况下不可以。这样孩子才会成为一个善良的人，而不是懦弱的老好人。

第四个账户：信用账户，帮助孩子明确信用对于一个人的重要性。

未来社会的发展趋势，必定是信用为先的社会。只有让孩子早点儿接触信贷，明白信用卡是怎么回事，知道爸爸妈妈时常谈论的房贷是什么，才不会在日后成为身负沉重债务，却依旧欠债消费的月光族。学会了管理信用账户，孩子甚至还可以巧妙利用免息期等，让自己的人生拥有更多精彩的可能。

第五个账户：投资账户，让孩子明白“钱生钱”的道理。

在孩子有了完整的理解能力后，可以早点儿让他接触保险、股票、基金、黄金等投资产品。在孩子有意向通过行动赚钱时，尽最大努力支持，让他知道天上没有掉馅饼的好事，只有付出，才有回报；也让他知道，有些合理的付出，可以获得最大的回报。

这五个账户的用途，让孩子在物质上得到收获是在其次，更重要的是让孩子在意识上正确地认识财富，通过主动的管理和规划行动，克服对金钱的依赖，形成自己是财富的主人的心理。

金钱的本质是一种工具。在教育孩子的过程中，让他们尽早主动接触这种工具，明白金钱究竟能做什么？如何使用金钱更加恰如其分？这远远好过于很多年长大成人后对金钱充满怨愤，只因为小时候没有接受到正确的财商教育，结果落得身陷经济匮乏，人生因为金钱的缺失变得毫无光彩。

正确地通过五个账户培养孩子的财商，要避免对孩子做过多刻板的说教，重点在于引导孩子对感兴趣的事情积极实践，在实践中提高自己的财商。父母在参与过程中，要站在平等角度与孩子对话，用自身经验为孩子出谋划策，鼓励孩子行动。在行动中，通过不断地思考和解决问题，孩子的大脑能得到很好的锻炼，也能在人际交往中收获经验，并且可以深刻体会金钱作为实现目标的工具，如何使用它才最恰到好处。

我们可以看看小朋友果果的例子。

果果是个聪明能干的小姑娘。她从外婆那里得到许多碎花布，就央求学美术专业的姐姐教自己用碎花布制作几种零钱袋，以便在学校周五举办的创意市集上售卖。

在姐姐的指点下，果果缝制出5个漂亮的零钱袋，每个售价10元，同学们都很喜欢。活动结束后，零钱袋销售一空，果果共赚到50元。尝到甜头的果果，又让妈妈帮自己再买点花布，多制作些零钱袋，下次学校再举办创意市集的时候去卖。

可是原先得到的花布是免费的，而现在买花布就要花钱了。同样制作5个零钱袋，假设购买花布需要花掉20元，同样是售价10元，赚到的钱就只有30元了。果果有点儿沮丧。妈妈帮她分析，既然外婆那里已经不能再拿到免费花布，就必须买花布。这样要想赚到更多钱，可以将每个零钱袋的价格提高到20元。这样当5个零钱袋都卖出去时，除去买花布的20元，果果就能赚到80元了。

由于学校创意市集举办的次数太少，妈妈就帮果果在网上开了家小店，把制作好的零钱袋放到网上出售。同时又拿出20元印制了精美的网店宣传卡，发给亲友和同学。不到两周时间，果果的零钱袋生意便红火起来。赚到钱后，果果还专门为外婆、姐姐、妈妈买了礼物，表示感谢。

另外，对孩子的理财教育是一个充满耐心和智慧的过程，切勿急功近利。同时，这也是一个充满创意的过程，父母需要发挥自己的创意，在生活中寻找各种机会，想出各种新奇的游戏，采用孩子乐于接受的说理方式，将枯燥的教育变得充满乐趣。而在这个过程中，你也会看到孩子远不是你想象中的对这一切那么抵制和无所适从，他们也会有各种你意想不到的反应和创意出现，这也可以说是为人父母的一大乐趣！接下来，我会结合许多父母培养孩子的有趣案列，和大家一同来分享这种乐趣。

巴菲特对自己的孩子说："审视自己的内心就是最好的投资。"我们为孩子准备这五个账户的目的，也正在于此。

目 录

第一章

储蓄账户，让孩子从积累中发现财富

存钱罐中生长出的金钱意识

一项调查显示：美国孩子每年花在糖果、服装、化妆品、CD和电子游戏上的钱超过70亿美元。这些钱有的是父母给的，而更多的是孩子自己攒下的。

教孩子存钱是财商教育中最基础、也是最重要的一步。对于学龄期的孩子来说，学习的动机在于兴趣爱好，而学习的方式更多属于模仿。父母就是孩子最好的模仿对象，要让孩子学习存钱，就要把我们自身的储蓄观念传授给他们，再利用能够激发他们学习兴趣的道具加以辅助。

培养孩子的储蓄意识，最好的道具莫过于那些形象可爱的存钱罐了。我相信，大多数人小时候都收到过存钱罐这样的礼物，然后把平时的零花钱、压岁钱都放进存钱罐中存起来。虽然只是些小额的纸钞或硬币，例如1元、5角、1角、5分、1分等，但时间长了，也能积攒几十块钱。掂量着越来越重的存钱罐，心中也颇为自豪。那个时候，几乎所有的同龄孩子都把它当作自己的荣誉。因为它既代表了父母对我们的爱，也代表了我们自己的财富。每个人只要提到自己的存钱罐，就特别幸福。

随着时代变迁，现在的孩子物质生活已经非常丰富了。生日礼物有红包、各种各样的智能玩具，甚至是价格不菲的数码产品。当年的存钱罐早已不再流行。想来似乎也有些遗憾，像存钱罐这样有意义的东西，不应该被时间所淘汰。怎么才能让孩子对这个已经过时的道具感兴趣呢？不妨与孩子分享自己童年关于存钱罐的记忆，让他从你的身上感受到存钱的乐趣。

我就是通过这样的分享，让孩子对存钱罐产生浓厚兴趣的。并且，我带着孩子去商场选了一只他特别喜欢的易拉罐形状的存钱罐。

当然，买存钱罐给孩子，并不是为孩子添置一个玩具，只把玩不使用，就会让存钱罐失去自身的价值。我们选择一个外形可爱、孩子特别喜欢的存钱罐之后，就要培养孩子存钱的乐趣。

存钱真的会有乐趣吗？有的人觉得存钱是一件痛苦的事情，特别是将存钱变为一种长期坚持的习惯，因为存钱似乎意味着我们在平常生活中要节省下来一部分。

例如，本来很想买两辆汽车模型，现在只能买一辆，不得不将买另一辆的钱存起来；本来能吃两盒巧克力，现在只能吃一盒，把买另一盒巧克力的钱存下来……对于成人来说，有些欲望都很难抵制，何况是孩子？因此，要让他们控制自己对于新鲜事物、食品、玩具的欲望，难度就更大了。

那是不是意味着培养孩子存钱的乐趣很难呢？当然不是。既然孩子对很多东西都充满了好奇和欲望，那么我们也可以利用这些好奇和欲望来培养他们存钱的乐趣。

比如我的孩子特别喜欢小汽车，家里已经买了很多辆汽车模型了。他爸爸也是个汽车迷，父子俩经常凑在一起讨论汽车。对于这样的话题，我就真的插不上嘴了。记得有一次，我们在商场门口看到一辆黑色的吉普。孩子兴高采烈地拉着爸爸的衣角说："爸爸，快看！吉普，吉普，我最喜欢的。"老公说："这车不错，爸爸之前告诉过你，这是路虎揽胜，挺酷的。"孩子说："爸爸，我也要，我也要。"老公笑着说："前些日子不是已经给你买了一辆模型车了吗？你忘记了？就放在你的小书桌上啊。"孩子有些失落："那是假的，我要真的，可以坐人的，我可以开着到处玩的，我不要模型的，我要真的！"

老公被孩子的话吓到了，他转过来看着我说："你看咱们孩子，小小年纪，胃口还不小啊，居然一开口就要一辆路虎。这车可要近百万啊，看来我是养不起他了。"呵呵，百万豪车，估计我们很难实现了，这得靠他自己。我说："宝宝，你知道这车多少钱吗？这车可要100万元人民币哦。100万能把你整个床都填满。这么多钱，爸爸妈妈现在没有，但是宝宝你可以做到啊。"孩子疑惑了，他问我："爸爸妈妈都没有，我怎么能做到呢？妈妈，你快告诉我，我怎么才能有这样的车啊？"

我说："前些日子，妈妈不是送了你一个易拉罐存钱罐吗？现在你就可以派上用场了啊。把大人们给你的零花钱，比如，六一儿童节的红包、生日的红包，还有压岁钱都放进存钱罐里。这样一来，存钱罐里的钱就会越来越多，到时候你就可以买你想要的东西了。"

孩子对这个建议非常赞同，从那天开始，只要我们给他零花钱，他都赶紧放进他的存钱罐里。周末的时候就一个人坐在房间里，打开存钱罐，认认真真清点他的财富。

到后来，我们发现孩子对于存钱这件事已经达到了一种狂热的状态。我和老公清理钱包时，整理出一些零钱，孩子都会想办法要过去；买菜找的零钱，他也要主动装进自己的口袋。这样虽然存钱比较快，却让孩子习惯于向别人伸手。为了帮助孩子树立正确的存钱观念，我们决定给孩子再上一课。

孩子还小，心智发育还未成熟。有了存钱的兴趣固然重要，但还必须让他们明白，存钱的目的不仅在于购买自己想要的物品，最重要的是为了养成一个良好的生活习惯和理财习惯。向父母索要零钱，然后放进自己的存钱罐里，这并不是真正意义上的存钱。任何事情都是欲速则不达。存钱也应该脚踏实地，从生活中的点滴做起。罗马城不是一天建成的，路虎也不是存满存钱罐就能买到的。能不能买到自己喜欢的东西并不是最终目的，从存钱这个过程中养成节俭的习惯，才会真的有所收获。

因此，我们要教会孩子节俭。给他一定金额的钱，让他自己挑一个玩具。如果金额不够，就需要他从自己的存钱罐中拿出一部分钱来填补；如果有结余，就可以把省下来的钱放进自己的存钱罐。起初，孩子会选超出金额的玩具，然后毫不犹豫地拿出自己存钱罐里的钱来填补。后来存钱罐变得越来越轻，存钱罐里的钱越来越少，少到怎么填补也不能购买自己喜欢的玩具时，他就开始反思了。在下次挑选物品的时候，他会特别小心，不需要的就不会购买。购买时也会特别注意物品的价格，看看是否超支。不用我们提醒，他自己就会选择那些价格适当的物品，并且尽量省下来一部分钱放进存钱罐中。

经历了存钱罐中的钱由无到有、由多到少、由有到无、由无到少、由少又到多的过程，孩子自然就明白了存钱罐的奥妙。要使存钱罐越来越满，就意味着在日常生活中，孩子的每一笔花销都得格外小心，不仅不能超支，还必须想办法节省。

孩子养成存钱的习惯之后一定要长期坚持。只要每天坚持，日积月累，不仅能让他在存钱中找到幸福感和成就感，还能在特殊的时候帮他解决“燃眉之急”。

本节提醒

存钱罐是有史记载的最古老的理财工具，古人称之为“扑满”，取意“有入窍而无出窍，满则扑之”。存钱罐能帮助孩子养成一种储蓄习惯，这种习惯既是强制性的，又是自觉性的。授人以鱼，不如授之以渔。送给孩子存钱罐是要帮助他们养成存钱的习惯，并不是替他们存钱。

和孩子去“银行一日游”

不知道大家是否还记得“大富翁”？这是一款风靡全球的益智棋牌游戏。在游戏开始前，每个人都会选择扮演一种身份，然后发放等额的钱和一些功能卡片。游戏开始时，通过投掷色子来决定游戏者的命运，看谁最后获取的财富最多。

现在也有很多与大富翁类似的游戏，例如一款叫“快乐宝贝银行”的益智玩具，其中包括仿真的钱包、硬币、银行卡、纸币、存折等。在四五岁的时候，孩子对钱、银行卡、买东西产生了浓厚的兴趣。这恰好给我们提供了机会，通过游戏开发孩子的财商，效果会比传统的说教方式好得多。

曾有报告显示，某幼儿园的老师带领该幼儿园的孩子们在周末参观当地的银行，以便帮助孩子更好地了解储蓄的程序。

参观银行——这是个很不错的点子，百科全书上是这样解释银行的：“银行是经营货币及其代替物并提供其他金融服务的机构。银行可以吸纳存款并发放贷款，从利率差价中赚取利润。”中国早在宋朝的时候，就出现了具有银行性质的金融机构，如“钱庄”“票号”等。而“银行”一词最早出现在近代的著作《资政新篇》中，“银”是指白银，代指货币，而“行”则是对机构的称谓，例如“米行”“绸缎行”等。

简单地说，银行就是这样一种金融机构：我们把暂时不用的钱放在银行中，让它们帮我们保管，到了一定的期限，我们从银行中拿回我们的钱，银行会支付给我们一定报酬；另一方面，银行将大家放在它那里的钱来做其他的事，例如支持国家的基础设施建设等。当然，银行也有权将这部分钱通过合法的程序借给其他需要用钱的企业或者个人，同时向这些借钱的对象收取利息。我们的借款利率一般比存款利率高，银行从这些利率中获取差额利润。

当孩子已经习惯了模拟银行的游戏时，也该让他身临其境了。

安博教育的杨老师说，他曾经带着孩子多次经过银行大厅，发现孩子表现得又好奇又担心。问其原因，孩子说银行好大好漂亮，像商场，进去肯定得花钱。虽然孩子猜错了，但是五岁的孩子能从建筑物的外观来判断消费的档次，这足以让家长欣慰了。

某个周末，杨老师带自己的孩子去参观银行，孩子还是有些忐忑。他牵着孩子的手，走进银行大厅，指着门口的取票机，对孩子说：“到银行来办事，就像你在幼儿园领早饭一样，是需要排队的。轮到你的时候才能去。在银行排队需要在这台取票机上取一张票，上面有号码，代表你的排队号码。”杨老师一边说一边拉着孩子的小手点了一下屏幕上的“个人业务”选项，于是取得一张票，上面写着“A53”。然后，他对孩子说：“这就是我们的号码，我们要好好保管这张票，等会儿听到柜台里的叔叔阿姨叫这个号码的时候，就轮到我们了。”孩子点点头。

当天办理业务的人很多，看看目前正在办理业务的号码，可能还需要等一段时间，他于是开始带孩子参观银行大厅。杨老师一边走，一边跟孩子解释：

“在银行中，有好几个易拉宝和展台，用于宣传银行近期推出的新业务或活动，例如保险、基金等（这是除了储蓄之外的其他金融产品，在银行也可以办理或代理。关于这方面的知识，在今后的生活中我们再慢慢告诉孩子）。

“另外，银行的大厅中还设立一个‘大厅经理’的位置。当大家不熟悉流程的时候，可以询问大厅经理，他会为我们提供帮助。还有些业务是在柜台上无法办理的，就必须经过大厅经理来处理。

“‘柜台’像柜子一样并排立着，里面坐着银行的工作人员，外面坐着正在办理业务的客户。轮到谁的号码时，谁就应当到指定的柜台办理业务。

“在柜台的旁边有一间房间，那就是银行的VIP客户区了。几乎在所有的银行都有VIP客户区。VIP客户区即特别重要的客户的业务办理区，它是银行为那些金额较大的个人和企业服务的地方。”

杨老师当天来银行办理转账的业务，眼看要轮到了。这时，他告诉孩子说：“办理转账业务之前，我们需要在大厅经理的桌子上取一张转账的单子，在上面按要求填写信息。比如说你要把钱转到谁的账户下、要转多少钱等。然后将这张单子交给银行柜台的工作人员就可以了。”

孩子听得很认真，也很守规矩。在办理业务的时候，他一直耐心地观察着。离开银行的时候，刚好遇到运钞车来送钞票。从车上下来两个穿防弹衣、拿枪的工作人员。孩子惊讶地叫道：“爸爸，爸爸，你快看。”估计孩子当那是抢银行的了。杨老师安抚孩子说：“没事，这是叔叔们在运送钞票，在指定的时间，总行都会把钱装进铁箱里，让这些叔叔送到下面不同的分支银行里来。为了安全，每位叔叔都必须穿防弹衣、配上枪。”

听杨老师这么解释，孩子这才放心。杨老师摸了摸孩子的小脑袋，问道："今天的银行一日游，你开心吗？"孩子使劲地点头："开心，原来进银行是不用收钱的。"

离开银行之后，趁着人少，杨老师又带孩子来到了自动柜员机前面。其实，日常生活中，自动柜员机的使用频率更高。刚好杨老师家的孩子对一切电子产品、数码产品都感兴趣。于是，杨老师开始教他尝试使用自动柜员机，从插卡到输入密码、选择服务，最后到取卡，一步一步耐心教他。希望他能早些掌握这些技能，对理财有更多的了解。

杨老师这个案例告诉我们，教给孩子理财知识必须要通过行动去引导他们，特别是四五岁处于学龄期的孩子，我们向他描述银行是做什么的、该怎么操作，不如带他亲自去实践。孩子的恐惧来源于无知，只有鼓励孩子勇敢去实践，让他亲自揭开秘密，他才会安心。

本节提醒

皮亚杰认为，从儿童认知发展理论和儿童发展阶段理论出发，儿童所获得的这些巨大成就主要不是由教师传授，而是出自儿童本身，是儿童主动发现、自主学习的结果。因此，在教学活动中，教师只是儿童学习的促进者，儿童必须通过动作进行学习，动脑探索外部世界，才能不断建构自己的知识经验系统。同理，在财商的家庭教育中，父母也只是孩子学习的促进者，帮助孩子建构财商的知识经验系统。

用儿童账户管好私房钱

近年来，孩子的压岁钱问题成为人们讨论的热点。在我的记忆中，拿过最多的一次压岁钱是我18岁的时候。那年刚好高中毕业，即将进入大学。家里的长辈都很慷慨地给了我最后一次压岁钱，也算是成年之前的最后一点福利。那年压岁钱我破天荒地收到了1000元，以前过年顶多就五六百元，而且有些时候还要上交给父母。

有人说压岁钱是陋习，可能让人养成虚荣、攀比和拜金的恶习。对于给予压岁钱的家长来说，也是没什么实际意义，因为当别人给你家孩子压岁钱的时候，你会以相等或相似的金额又还赠给对方的孩子。

虽然遭到部分人的质疑，压岁钱的习俗依然保存至今。大多数人仍愿意在新年的时候给孩子红包，以求吉利。

随着现在物价飞涨，压岁钱当然也是水涨船高了。如今100、200元已经拿不出手，据说起步价已经涨到了500元。就拿我家的孩子来说，现在收到的压岁钱有五六千元，比往年多了好几倍。而一位同事说，2012年她孩子的压岁钱收了上万元。像这种“暴发户”孩子还真不少，我听过还有收到七万元压岁钱的。

有资料表明，中国孩子的零花钱是最多的，平均每人每月可达60元左右。年底的压岁钱也是最多的，平均每人可达上千元。长辈们疼爱孩子的心情能够理解，可是真的给5岁大的孩子几千块压岁钱，他该怎么管理呢？这可能是很多家长朋友的担忧吧。

我是不赞同父母代管的。小时候将自己的压岁钱交给父母代管，最后什么也没有了，那种失落的心情我能体会。所以，我决定还是由孩子自己保管，大人只做引导和监督。随着年龄的增长，孩子今后的零花钱、压岁钱会越来越多。将这些钱全部放在存钱罐里肯定是不现实的。所以，为孩子开立一个属于他自己的账户，专门管理他的私房钱就很有必要了。

曾经看过一篇很有意思的报道：法国消费者协会在全国范围内做了一项调查，结果显示：有75%的父母会定期给孩子一小笔钱，作为他们的“私房钱”，并对这些“私房钱”进行一定的管制。并且法国父母也会采取为孩子开立私人账户的方式，培养孩子存钱和用钱的本领，让他们学会明智、科学地理财。

例如，在重大节日或者生日的时候，给孩子一部分钱，让他们将钱存入自己的户头。当他们想用钱的时候，家长也不会强加干涉，等到他们消费结束之后，再和他们一起分析这次消费的情况。如果钱使用不当，就算他们教了“学费”，家长再引导他们该怎么使用才是合理的。如果孩子坚持要做“守财奴”，只存不取，父母也会耐心地引导他们拿出一部分钱出来消费。比如为爷爷奶奶买一份小礼物，或者和小朋友一起去看场电影，或者为自己买一套新衣服。让孩子学会该消费时则消费，该节俭时则节俭。这样一来，从短期来说，能够培养孩子良好的生活习惯；从长期来说，能让孩子提早具备独立生活的能力。

我们也可以参考这样的方式。此外，据理财专家说，6–12岁是孩子学会理财的黄金时期。如果这个时期孩子的理财意识得到了提高，就能在生活中树立良好的理财观念。

那么“儿童账户”是什么意思呢？有人误以为给孩子随便开个账户就可以称之为“儿童账户”。其实，真正的儿童账户是大有学问的。在金融市场中，存在很多储蓄产品，都可以帮助孩子理财。比如我们最熟悉的活期账户、零存整取、整存整取、定活两便等，这些储蓄产品在各大银行都有提供。但专门的儿童账户是与这些日常储蓄产品有差别的。

在香港，大多数银行都能为18岁以下的未成年人开立儿童账户，而且类型相当丰富。其功能不局限于储蓄，还包括很多金融服务，例如保险。目前，内地有些银行也开始推出了颇具特色的儿童账户，例如奥运期间推出的“奥运成长账户”，还有“聪明小当家”“智多KID”“小鬼当家”等。但内地大多数银行开立的儿童账户针对的都是16周岁以下的未成年人。

办理儿童账户时，首先要向银行提供各种证件（父母有效的身份证明和家庭户口薄）办理银行卡；然后设置银行卡的密码，当然这个密码必须是有意义的，便于孩子记忆，并将密码悄悄告诉孩子；最后，把孩子的私房钱存入其中，同时设置每笔或每日的存取款上限。该账户当天开立当天起效。今后孩子可以凭借银行卡自主存取。不过一旦存取的金额超过存取款上限时，孩子就必须在父母的监管下进行，或者孩子需要出示父母有效的身份证件和家庭户口薄。这样一来，家长就能很好地监督孩子使用自己的账户了。

不要小看儿童账户的作用，它有助于培养孩子的责任感，让他学会对自己的财富负责。只有从小培养起孩子管理自己私房钱的能力，今后他才能驾驭更多的财富。

本节提醒

调查显示，中国城市家庭的孩子压岁钱一般在 1000 ~ 5000 元之间，部分孩子的压岁钱甚至超过 1 万元。如果孩子从小缺乏正确的金钱观与价值观的引导，缺乏理财技能的培养，往往不懂得如何正确管理和使用压岁钱，容易造成盲目消费。

理财专家建议：为孩子办理儿童账户，通过让孩子自己打理专属他自己的银行账户，可以帮助孩子从小建立理财观。同时，对于父母来说，这样可以强制储备孩子的教育经费，化零为整，减轻未来的教育费用负担和经济压力。此外，由于一些儿童理财账户还兼备了保险功能，还可以给孩子提供成长过程中的医疗保障。

宝贝，我们讲个关于“利息与利率”的故事

陈女士讲述了她家孩子的理财故事：某天，他们家宝贝从学校回来，就兴冲冲地拿着自己的银行卡，要陈女士陪他去银行。陈女士好奇地问他怎么了，他说要查账。

这可把陈女士乐坏了，小小年纪，对他那张银行卡倒挺惦记的。于是，她陪孩子去了银行。孩子有模有样地输入了密码，查看银行卡中的金额。随后从口袋里掏出一张纸，上面记着上一次查询账户的金额。对比一下，两个数字并无变化。孩子失望地收好了银行卡，垂头丧气地回家了。

陈女士也不明白他这是怎么回事，账户上的钱不是没少吗？他还沮丧什么呢？此后的一段时间，孩子隔三岔五就会要妈妈陪他去银行查账，可每次都失望而归。陈女士终于忍不住问孩子怎么了。孩子说：“妈妈，我的银行卡有问题，我要换一张行吗？”陈女士说：“怎么会有问题呢？我看挺正常的啊。”孩子说：“为什么板栗（孩子同桌的外号）说他的银行卡能长钱呢？”陈女士哭笑不得，对孩子说：“儿子，银行卡怎么可能长钱呢？板栗是不是逗你玩啊？”孩子很认真地说：“就是长了钱

啊，小乐的银行卡也长钱了。那些钱不是他们存的，就是从卡里长出来的，我的为什么没有？”

陈女士突然明白过来，孩子说的应该是利息吧。这都怪自己疏忽，给孩子办理了儿童账户，却忘记告诉他利息与利率的相关知识了。

于是，陈女士给孩子讲了一个故事：两年前，我们将5万元人民币存入了银行，并采取了定活两便的方式。该银行的年利率为3.3%，两年后，我们卡上的本金加利息一共为53304.52元。其中50000元为我们自己的钱，称之为“本金”。多出来的钱为银行支付给我们的利息。

讲了这个故事之后，孩子的问题反倒更多了，例如：什么是年利率？什么是利息？银行为什么要支付给我们钱？这让陈女士也不知道该怎么回答了，于是就这个问题咨询了理财专家，理财专家认为还是应该用真实生活中的事来启发他，并教给陈女士一些方法和技巧。

经过专家的指点，陈女士回家之后对孩子说：“比如你这次考试得了59分，但是60分才及格。你就差1分，如果不及格，以后就都不能吃冰激凌。这个时候，老师说她可以借给你1分，让你变成60分。但是，下次考试，你必须还她10分作为回报，你愿意吗？”孩子想了想说：“我愿意借，我下次努力就好了。”陈女士说：“好，比如下次你考了70分，你必须还给老师10分，于是你变成了60分。还给老师的10分就可以当成利息。”

看孩子若有所思的样子，陈女士接着说：“你知道爸爸的同学张叔叔经常来咱们家里玩。每次来都给你带些小礼物。去年，张叔叔要买新房子，但是他自己的钱不够，于是找爸爸借钱。爸爸刚好有钱借给他。不过呢，张叔叔要借一年，也就是说这一年，爸爸暂时不能使用这笔钱。为了感谢爸爸，张叔叔就约定要支付爸爸一年的利息。所以，当张叔叔还钱的时候，爸爸就能收到比之前借出的还多的钱。”

孩子似乎有些明白了，他继续问：“那我们把钱存在银行，是不是也是银行向我们借钱呢？”陈女士说：“可以这样理解，我们把暂时不用的钱存入银行，也就是银行从我们这里借钱去做更有意义的事。为了回报我们，银行就要支付我们一些利息，于是，我们银行卡上的钱就自然多了。比如板栗和小乐卡上多出的钱，也都是这样得来的。你的银行卡上的金额没怎么变化，是因为时间还没有到。等时间到了，你的银行卡也会多出一部分钱的。”

孩子终于明白为什么银行卡上的钱会变多了。

后来，陈女士又告诉孩子，今后银行给他的利息会比别人的多。因为他们开立的儿童账户前几年是以复利的方式计算利息的。

“银行利率有多种方式，包括单利和复利。就像一个大家族中，有不同的家庭成员，其中单利是最小的家庭成员。那什么是单利呢？举个例子，现在我们存100元在银行中，年利率为10%，那么存储两年，银行将支付我们120元。其中利息为20元。这20元的利息就是用我们的100元乘以年利率再乘以存储的期限（两年）而得来的。

“但是如果我们采取复利的方式，结果就有所差异了。比如，我们同样存100元在银行，年利率同样也为10%，那么存储两年，银行将支付我们121元的利息，比单利计算时多了1元钱。

“我们可别少看这多出来的1元钱，如果我们的本金很高，且存储的年限较长，那么使用单利和复利的方式，所产生的利息差别就特别大。例如，我们的本金为1万元，年利率为3%，存储20年。单利所得的利息为6000元，但是利用复利的方式，利息就高达18601元，是单利的3倍之多。”

由于孩子还没有开始学习乘除的运算，我们暂时没有必要告诉孩子利率和利息的计算方式。

有些孩子对于利息特别感兴趣，甚至以为自己可以通过银行的利息成为大富翁，我们可以借助这个机会和孩子“约法三章”：第一，尽量不动用银行卡上的钱，将储蓄改为定期，因为这样利率会高一些，利率高了，利息也会多一些。第二，每个定期的时限（5个月）就去银行，把自己结余的零花钱存起来，增加本金，也能获得更多的利息。第三，如果要取钱，需要向爸爸妈妈申请。

本节提醒

利率是利息率的简称，是用来衡量利息水平高低的指标，计算利息的方法包括单利法和复利法。其中，单利是指每期都按初始本金来计算利息，其公式为：$S=P(1+r\times n)$。S表示到期本利和，P为本金，r为利率，n为期限。复利是指计量利息本身的时间价值，即上一期利息自动滚入下一期本金，其公式为：$S=P(1+r)^n$。等到孩子学习加减乘除的时候，我们就可以把利息和利率的计算方式告诉他们，让他们对自己的财富做到心中有数。

教孩子学会选择与搭配多种存款

对于存款储蓄，很多人都只知道“活期”和“定期”两种方式。在我们的理解中，活期可以随时存取，但是利率较低；定期必须到一定期限才能存取，例如一年、两年，但是利率较高。

小时候，我经常看到母亲把钱存为定期。她说这样一来不仅能有效地避免乱花钱，还可以从银行获得更多的利息。直到有一次，家里出了些事，急需用钱，但是存入银行的钱又还没到期不能取出，因此不仅得不到定期利息，而且还要支付一定的费用。为此，母亲只好找朋友借钱才解决了问题。

那时我想，为什么钱一定要全部存为定期呢？如果遇到急需用钱的时候岂不是很麻烦？于是，我认真了解了一些关于存款储蓄种类的知识。例如定期存款又可以分为3种类型：整存整取、零存整取和存本取息。

整存整取定期存款是指：我们将一定数额的钱一次性存入银行，并与银行约定一个存期，到期之后再一次性支取本金和利息。这种存款储蓄以50元起存，存期分为三个月、半年、一年、两年、三年和五年。凡是这种存款，利率就比较高，而且提供约定转存和自动转存功能。目前还免征个人所得税。

零存整取定期存款是一种约定存期、每月固定存款、到期一次支取本息的储蓄。一般每月五元起存。存期分一年、三年和五年。但是每月必须要按开户时约定的金额进行续存。如果某个月有漏存，则必须在第二个月补存。

存本取息定期存款的方式比较适合较大的本金，因为它以5000元起存，开户时约定存期、整笔存入、分次取息，到期一次支取本金。这种方式的存期一般为一年、三年和五年。

此外，活期存款也分为两种类型。

第一种为活期存款，它存取自由，且起存为1元，随时可以续存，也随时可以取出。但是活期存款的利率比较低。

第二种为定活两便储蓄，不定存期，当存期不满3个月的时候，就按活期存款的利息计算；当存期超过3个月的时候，就按一年期的整存整取定期利率的6折计算。以50元起存。

如果我们把钱全部存为活期，则获得的利息比较少；如果把钱全部存为定期，使用起来又不灵活了。我们必须在方便的基础上，争取最大的利益。

这些存款储蓄知识对理财有很大的帮助。现在，我准备将它们传授给我们家宝宝，让孩子有个较为全面的认识。

刚好孩子自己也有了储蓄，现在他可以仔细考虑，自己决定选用哪种存款储蓄方式。在我们的引导下，孩子选择了存本取息定期存款和活期存款的方式。这两种方式比较适合他，存本取息定期存款可以将孩子收到的压岁钱一次性存入银行，养成良好的存储习惯，避免把大金额的钱花掉。另外，活期存款灵活、方便，孩子可以随时存取。

等到孩子储蓄账户上的钱达到一定数额的时候，就取出来再开一个账户，用整存整取的方式存入，而原来的账户仍保持零存整取的方式，以便获得最大的利益。

本节提醒

储蓄是最基本的理财方式，但是在储蓄过程中，由于操作不当，也可能给孩子带来利息上的损失。因此，我们要提醒孩子妥善保管自己的储蓄账户，牢记账户密码，并且还要注意定期储蓄存单的到期日。根据中国的《储蓄管理条例》规定：定期储蓄存款到期不支取，逾期部分全部按当日挂牌公告的活期储蓄利率计算利息。如果孩子在存单已经到期很久了才去银行办理取款手续，这样就会得不到空期存款应有的利息。为应对这种情况，在办理定期存款时，可以与银行约定“自动转存”。

让孩子为储备自己的教育金出份力

对于很多年轻人来说，高昂的教育成本成为他们不敢生孩子的重要原因。曾看到过这样一则报道：上海的一项调查指出，2008年在上海抚养一个孩子的教育费用为49万元。无独有偶，中国社科院的调查研究也指出，孩子的教育费用在居民总消费中排行第一。不知道这些费用吓倒了多少人。

因此，在新婚夫妇中甚至出现了“恐生族”。顾名思义，恐生族就是惧怕生小孩的夫妇。对于我们这些已为父母的人来说，恐生也没用了。养育孩子是一种责任，一旦选择，就必须终身负责。

虽然教育费用昂贵，但是付出再多都是值得的。中国一直以礼仪之邦、文明古国著称于世。千百年来，中华民族的传统美德之根基在于尊师重教。一辈子生活在大山里的老汉，也希望自己的孩子可以走出大山，去外面求学；目不识丁的母亲，最大的愿望就是自己的孩子能够读书、识字，有文化，有学识……教育之重要可想而知。

曾经听到过这样一个故事：一位单身父亲，多年来独自抚育女儿。在他下岗失业之后，更是以收废品来供女儿读书，甚至以卖血的方式筹钱，帮助女儿参加重要的技能比赛。最终，女儿拿到了名次，因而有机会进入重点大学求学。这个女儿最后的生活是怎样，我们不得而知，但这位父亲已经很满足了，看着女儿进入大学课堂，也似乎看到了一个美好的未来，他如释重负，这么多年的辛苦总算没有白费。

在大多数人的意识中，教育程度是与未来的生活质量成正比关系的，教育程度越高，未来的生活质量就越好。很多父母将教育看作是一种长期的投资，高的投入可能带来高的收益。将金钱投入到孩子的教育中，总比将金钱投入到孩子的物质享受上要划算得多。如果现在能为孩子开辟一条出路，拿钱“买”一个未来，每个父母都会心甘情愿地去做。

由此看来，教育的费用不能缺，也省不了。我们能做的只是提前做好准备。在银行办理业务时候，我偶然听到一种叫“教育金”的储蓄。

教育金是近些年来比较火的储蓄理财项目，是专门针对孩子教育经费的储蓄，对于中等收入的家庭来说，孩子小学、中学、大学，乃至今后的继续深造，所需要的费用都是令他们犯愁的。如果有专门的储蓄项目可以保障孩子今后的教育费用，父母的经济负担自然会减轻不少。

根据办理教育储蓄的规定，只要小学四年级及四年级以上的学生就可以参与，人一生也只能享受三次教育储蓄，这主要针对的是接受非义务教育子女的家庭。一般来讲，教育储蓄分为三个级别：1年、3年和6年，合理利用这三个级别，就可以分别为孩子读初中、高中和大学准备专门的教育经费了。

为孩子办理教育储蓄是需要他亲自参与的。如果孩子用自己的私房钱来办理一份教育储蓄，就相当于自己供养自己上学，这是一件多么了不起的事情。当别的孩子都在依靠爸爸妈妈交学费的时候，他们已经能自立了。

如果你的孩子上小学的时候有2万元（教育储蓄的上限为2万元），那么，你就可以帮助孩子把它作为存期为4年的教育金存储起来，到期之后，孩子刚好小学四年级以上，这时可以通过户籍证明、国税局印制以及学校开具的“三联单证明”来领取本金和利息，共计2.2万多元，作为孩子下一步教育所需的费用。等到孩子上高中的时候，再办理3年期的教育储蓄，本金2万元，3年之后可获取本金和利息接近2.2万元。这样一来，孩子的大学教育费用也有了保障。

教育储蓄并不是一种赚钱手段，它不能让资本一次性猛增。但是教育储蓄采取零存整取的定期储蓄方式，并能获得整存整取的存款利息，且即使今后几年利息有所变化，也不会受到影响。此外，教育储蓄是免交利息税的，它相当于帮助孩子定期储存教育经费，并在保值的基础上，让本金有小幅度的增长。这是一种很好的理财方式。

除此之外，我们还可以为孩子购买教育金保险，很多保险公司都有提供。它主要针对0–17岁的孩子，有的保险公司则针对出生30天–14岁的少年儿童。

例如，预算的年保费为1.5万元。首先为孩子购买了10份教育金保险。这是一项分红型的保险。每年交费1万元，共交10年，合计10万元。

当孩子年满18、19、20、21周岁的保单周年日时，连续4年每年都可领取大学教育金6486元；在孩子年满25周岁的保单周年日时，可领取成家立业金32430元；同时，自18周岁的保单周年日起至25周岁的保单周年日前一日止，每月到达合同生效日在该月对应日还可以领取生活费津贴972.9元。

此外，为了保障孩子在中学时期的教育费用，还可以购买一份教育金附加险。基本保险金额5万元，交至15岁，年交保险费2115元。这也是一份分红型的保险，其利润包括两部分。首先，在孩子年满15、16、17岁的保单周年日，每年可领取1万元高中教育保险金；其次，在孩子年满17岁的保单周年日，可领取5000元学业有成祝贺金；同时，附加险合同终止。这样一来，每年的保费并没有超过预算，而且孩子今后的高中和大学教育也得到了较好的保障。

本节提醒

领取教育储蓄存款时，需携带本人身份证、存折和学校开具的免税三联单。三联单是由省级国家税务局统一印制的，没有这个证明虽然也可以取款，但是不能享受当初约定的优惠利率，只能按照零存整取计息。

另外，教育储蓄金也存在一定缺陷，在校小学四年级（含）以上学生才可以办理，到期必须持存折、户口簿或身份证到税务部门领取免税证明，并经教育部门盖章才可支取。而且教育储蓄金最低起存金额为 50 元，但所有本金合计最高限额为 2 万元，超过一律不得享受免税的优惠政策。

第二章

消费账户，让孩子对“购物狂”说NO

通过行为扫描，判断孩子属于哪种消费者

消费是财商教育中很重要的一部分。无论是赚钱还是存钱，最终都会与消费联系起来。所以，我们不仅要让孩子有一个储蓄账户，还要有一个消费账户。

在对孩子进行财商教育之前，首先要弄清楚孩子属于哪一种消费者。一般情况下，我们把消费者分为七大类型。

第一种：从众型消费者。在日常生活中，属于从众消费者的人还比较多。他们通常并不明白自己为什么要购买某种产品，或者购买某种服务。只是因为身边的人这样做了，或者大多数人这样做了，他们就随大流了。最典型的例子就是电影《阿凡达》上映的时候，尽管票价很高，且出现了一票难求的情况，但还是有很多人排队购买电影票。而这些人当中，有相当一部分并不是因为喜欢这部电影，而是因为别人都在谈论这部电影，所以才花高价购买了电影票。

如果你发现你的孩子对某种消费本身并没有多少认识，而是因为他身边的同伴群体都发生了这种消费行为，他便跟随着别人一起消费了，那么，你的孩子可能就是典型的从众型消费者。对于从众

消费的孩子来说，我们不仅要培养他正确的消费意识，还必须关注孩子对自我的认识，因为从众的孩子很可能会在自我认识上出现障碍。

第二种：冲动型消费者。这类消费者往往控制不了自己的情绪、行为，或者意识上容易受到刺激。例如，一个人在买车的时候，刚好碰到了自己的对手也在买车。他本来只打算买一辆10万左右的车，而他的对手买了一辆20万左右的车。在某种程度上，这个人受到了来自对手的刺激，于是，他不惜一切代价要在买车这件事上压过对手，结果买了一辆更贵的车。但事后发现这样的较劲是完全没有意义的。不仅没有让对手遭受损失，反而让自己付出了冲动的代价。

第三种：猎奇型消费者。这类消费者多出现在女性中。因为女性天生有一种猎奇心理。新鲜的、新奇的事物通常更容易吸引她们的注意力。最典型的就是女性购买服饰，“女性的衣柜里永远都少一件衣服”。正是因为她们具有强烈的猎奇心，尽管已经拥有了同类的产品，但是只要产品以新的形态出现，她们还是忍不住会去尝试。

学龄期的孩子也容易出现猎奇消费的行为。他们看到新鲜的事物，往往是“这也要买，那也要买”，没有目的，也没有人带动他们，仅仅是好奇而已。这类消费行为产生的浪费比较大，一旦新鲜感过去了，消费的意义就消失了。

第四种：习惯型消费者。这类消费者对于某一类产品、某种服务或者某个品牌有特殊的爱好。他们不是因为需求才购买，而是因为熟悉而购买。例如，资深的“果粉”，对苹果产品达到一种迷恋的程度。无论苹果发布什么样的产品，也不管他们自己是否真的需要，他们都会一如既往地购买。

现在很多儿童产品都与“喜羊羊”“灰太狼”等备受儿童喜爱的动画角色联系在一起，引起了很多孩子的购买欲望。这类消费就属于习惯型消费，仅仅是因为孩子熟悉某种事物，便想要购买与之有关的产品。

第五种：发泄型消费者。这种就是典型的用消费来平衡自己的感情、恢复自己情绪的人。他们会把生活中遇到的不愉快用极端的消费行为表现出来。例如，在感情受到挫折之后，就把手里所有的钱全部拿出来消费。这类消费者很可能会造成“毁灭性”的后果。因为他们在消费的时候不会考虑后果，只图一时解气。

第六种：补偿型消费者。有人可能会质疑，怎么消费也有补偿型的？当一个人长期遭受某种压制，或者长期生活在某种恶劣的环境中时，一旦他有消费的机会，就会倾尽全力补偿自己。例如，当连续加班数日之后，领到工资的那一刻，首先去大吃一顿，然后为自己买很多东西，觉得只有为自己花很多钱，才算对得起自己。

第七种：理智型消费者。在我们的生活中还是存在不少理智的消费者。他们不仅会根据需求选择消费，还会利用自己所掌握的常识来辨别产品和服务的价值，依照自己的经济实力量力而行。“性价比”是这类消费者最看重的。用“千金”来买“心头好”的情况是绝对不会在这类消费者身上发生的。

前段时间看了一则新闻：像迪奥、迪塞尔、高田贤三等奢侈品已经开始大范围地开辟儿童市场。这些品牌之所以将儿童也纳入他们的客户群体，是因为越来越多的儿童有了这样的需求。顿时，奢侈品一词不再是成人的专利。例如，迪奥的儿童羽绒服，一件需要七八千元，一款毛绒玩具就要两千元。甚至有一个品牌的婴儿床标价就高达两万元。这些奢侈品的价格高得离谱，但它们从来不缺乏消费者。

有的人说，家境富裕，让孩子穿最好的、用最好的，这没什么问题，只要父母给得起钱。那么，大家有没有想过，消费习惯往往能反映出一个人对物质生活方式以及精神世界的追求。当我们热衷于奢侈品消费的时候，我们离贫瘠也就不远了。如果奢侈品消费成了一种习惯，必定会带来虚荣和攀比之风。当孩子没有经济实力再承担这样的消费账单时，就会采取其他极端的手段去获得这种满足。就如同卖肾买iPad的例子一样。

所以，我们应该对孩子的消费行为进行长时间的观察和分析，清楚自己的孩子属于哪种消费者；然后，帮助他们形成一个良好的消费习惯。

例如一个“冲动型消费者”的孩子。一般情况下，他很会买东西，还会讨价还价。不过一旦受到外界刺激的时候，他就乱了方寸，控制不住自己。

有人说“情绪决定命运”，虽然这句话有些夸大其词，不过也不无道理。孩子小的时候，由于不能有效地管理自己的情绪，出现一些冲动型的消费行为。如果这个时候我们没有对其进行纠正，任其发展。那么，长大之后，他的冲动可能会酿成大错，无法弥补。治标还得治本，单方面地约束孩子的消费行为还不够，还需要教会他如何管理自己的情绪。

我们都知道，情绪是一个软性的、随性的东西，而管理则是制度化的、有意识的。怎么才能用一种制度化的东西去控制随性的东西呢？其实，只要教孩子做到两步就可以了。

第一步，教孩子学会“慢三秒”。冲动往往是情绪在一个超级短暂的时间内的爆发。如果要避免冲动，就要做到“三思而后行”。每当孩子心中有个想法要蹦出来的时候，要先让孩子冷静下来，多给自己一点儿时间，从头到尾再衡量一遍。

第二步，教孩子学会用合理的方式宣泄情绪。当孩子受到外界刺激，一定要消费什么产品或服务时，不妨在第一步的基础上，让他找到合适的方式，宣泄自己的情绪。就像一个装满空气的气球，如果不松开进气孔，它就会爆裂。但是如果我们松开了进气孔，让它把空气全部释放出来，那它就能完好无缺了。

本节提醒

要引导孩子的消费行为，就必须要清楚消费心理的干预方式。儿童的消费心理分为三个阶段：1.发现阶段。儿童发现能够引起自己兴趣的商品，这个阶段往往是以好奇心为导向，并非以需求为导向。2.偏爱阶段。当儿童进一步观察或接触商品的时候，从中获得愉悦的感受，并对给自己留下良好印象的商品产生喜爱。3.购买阶段。儿童往往在较短时间内，就能把喜爱的感受转换为购买行为。在儿童消费心理形成的过程中，缺少了成人消费心理的一个重要阶段——了解阶段。

因此，我们应该在孩子产生偏爱之前，让他们全面了解感兴趣的商品，认识到商品的价值所在，思考商品是否能够满足实际的要求。只有在消费行为中培养孩子理性思考的能力，才能避免孩子形成不良的消费习惯。

与其批评孩子乱花钱，不如引导孩子正确花钱

每个人小的时候都有过乱花钱的经历，有时候并不是故意要这么做，只是当时还不知道钱该怎么花。

当我学着帮父母亲买东西的时候，我就开始了消费。那时候我的钱几乎都花在了买零食上。每次出门帮父母亲买东西，我就悄悄地从存钱罐中拿出一些钱，然后在商店里挑选自己喜欢的零食，那些巧克力、酒心糖、无花果等，都是我的最爱。

后来，存钱罐中的钱越来越少。渐渐地，一元的没有了，五角的也没有了，连一角都没有了。到最后，我要用十个一分的硬币才能买到一颗巧克力。

存一整罐钱花了近一年的时间，但是花光这些钱却还不到一个月。罐子里的钱都花光的时候，也瞒不住母亲了。她问我钱都花在了什么地方，当得知钱都用来买零食之后，她很失望，也很生气。因为这件事，父亲还狠狠地批评了我。我自己心里也挺难过的。眼睁睁地看着一罐子钱没了，我却控制不了自己的购买欲。

那之后很长一段时间，我都没有花过钱。因为后悔自己曾经

乱用钱，瞬间将一年的积累化为泡影，导致我一看到钱就会产生自责心理。

父母亲察觉到这种情况之后，就鼓励我进行一些适当的消费。某日，母亲突然拿了些钱给我，说：“你看，你的自动铅笔的笔头掉了，去换一支新的吧。”

我说：“不要，笔还能用。”

于是，母亲带着我来到文具店，然后把钱交给我，让我挑选了一支喜欢的自动铅笔。之后，母亲常常用这样的方式鼓励我消费，直到我的存钱罐重新满了起来。母亲说：“花钱不是一件错事，但是乱花钱的行为就必须纠正。”从那以后，我很珍惜存钱罐中的每一分钱，像母亲所说的那样“把钱花在刀刃上”。

对于孩子乱花钱，我们最好不要采用强硬态度去批评或教训他们。因为这个时候孩子刚开始学习消费，太强硬只会让他惧怕消费。由“乱花钱”变为“不敢花钱”。孩子的心理是很奇妙的，这就要求家长在教育孩子的过程中，不要一味强调效果，一定要注重教育的方法。

法国作家拉·封丹写过这样一则寓言：北风和南风比威力，看谁能把行人身上的大衣脱掉。北风首先来，寒冷刺骨的冷风吹来，结果行人为了抵御北风的侵袭，反而把大衣裹得紧紧的。南风则徐徐吹动，顿时风和日丽，行人觉得暖意上身，开始解开纽扣，继而脱掉大衣。最后，南风获得了胜利。南风之所以能获取胜利，就是因为它顺应了人的内在需要。这种因启发教育对象自我反省、满足自我需要而产生的心理反应，就是“南风效应”。因此，在对孩子进行理财教育的时候，我们不妨采取比较温和的

"南风"方式，启发孩子去判断和调整自己的行为。

一项研究显示，儿童在学龄期形成的消费习惯往往会影响到孩子今后的人生。某位矿产商人在谈及对孩子的财商教育时，讲述了这样一段经历：他们家孩子在5岁的时候，矿产商人开始给他零花钱，后来从每天3元涨到每天5元。不过，自从孩子有了自己的零花钱，就老是惦记着要买这买那。有的时候，甚至会向别的小朋友炫耀自己的零花钱。商人告诉孩子，每个孩子都会拥有自己的零花钱，小朋友们的零花钱不能乱用，只能在需要的时候才可以用。而且零花钱也没什么好炫耀的，他若再向别人炫耀自己的零花钱，别人会不喜欢他的。

经过一番讲解，孩子没有再向别的孩子炫耀自己的零花钱了。但是不久新的问题又出现了。某日放学之后，他带了一个小伙伴去商店，刚好被父亲撞见。矿产商人看见两个孩子很认真地在挑选着什么，于是，他走过去问自己的孩子："你准备买什么？"

孩子看着他说："我的朋友想要这个灰太狼的徽章，他没有零花钱，我就买给他。"当着孩子朋友的面，矿产商人并没有干涉。他想，之前孩子大手大脚地给自己买东西，现在又给自己的朋友买东西。长此以往，养成乱花钱的习惯就危险了。

对此，矿产商人也做了反思，导致孩子乱花钱的原因，往往是以下两点：

第一，我们对孩子有些溺爱。虽然并不是孩子要什么我们就买什么，但是只要孩子能给出一个理由，我们几乎不会直接拒绝他的要求。这导致他现在总能找到理由，为自己的乱花钱行为开脱。

第二，零用钱的金额可能有些偏高。对于五六岁的孩子来说，他的日常所需我们已经考虑到了。零花钱只是备用，因此不必给他太多，也不能每天都给他。当他手中的钱并不宽裕的时候，他就不会随便花费了。

给予太多零花钱的父母，现在可以试着告诉孩子：“从今天开始，爸爸妈妈要降低你的零花钱，决定每次给你3元钱，你可以自己安排怎么花费，但是需要把你的花费情况告诉我们。如果再出现你随便给朋友买东西的情况，我们就继续减少你的零花钱。”

例如，我们可以试着把孩子的零花钱控制到3元以内，如果第一天他还剩余1元钱，那么，第二天就只给他2元，只要保证每天都有3元钱就行。如果他几乎每天都没有花光零花钱，就在记事本上给他画一个笑脸，并告诉他，过年的时候，他累计得到多少个笑脸，就奖励给他多少零花钱。如果他出现乱花钱的情况，就在记事本上擦去一个笑脸。曾经从不在孩子面前说“NO”的我们，也要开始学着怎么去拒绝孩子的无理要求了。

本节提醒

3–6 岁是孩子的学前期，也是孩子的幼儿期。这个时期是孩子思维、心理、生活习性、社会品行等多方面素质形成的重要时期，越早接受消费教育，就越有利于孩子形成健康的消费观念以及成熟的消费行为定式。因此，这个时期以家庭教育为主，对孩子进行幼儿消费教育是非常有必要的。

让孩子决定“买什么”“花多少”“剩多少”

孩子该买什么，零用钱能花多少，应该剩下多少，往往都是家长来决定的。事实上，这种行为只会损害孩子学习消费行为的能力。

举个例子，暑假的时候，刘女士姐姐的孩子在她家小住了一段时间。快要离开的时候，孩子对刘女士说：“姨妈，你真好，比我妈妈好。”

刘女士就纳闷了，姐姐很疼爱他，他怎么还这样说。于是她问孩子：“怎么了？姨妈哪点好？”孩子回答说：“我妈妈每次给我零花钱之后，总是管得特别紧。从来不准我自己决定怎么花。我要用钱，得先给妈妈打报告，她同意了之后我才能用，她不同意就不能用。什么时候能用，能用多少，都必须经过妈妈的审核。虽然说钱是给我用的，但好像那并不是我的钱。”

孩子顿了顿接着说：“姨妈就不一样了。你们给弟弟的零花钱，就都是弟弟的，他可以自己决定怎么用。我多羡慕他啊！”

刘女士说，他们的确没有过分干涉孩子怎么安排自己的零花钱，但是他们极力鼓励孩子主动告知钱是怎么花的。因为在孩子刚学会消费时，父母有责任和义务对他的消费行为进行监督。

过分管制孩子的零花钱，可能造成孩子的抵制心理，让他们产生一种错觉：钱不是他的，他不能自己决定；钱是父母的，即便放在他的钱包里，也是父母的。这样一来，孩子就会彻底失去自己做决定的信心。长此以往，当然会在依赖和约束中逐渐失去财富自理的能力。

但把权利交还给孩子，让他自己支配零花钱，还是会令很多家长不安。有三个问题一直是大家担忧的焦点。

第一，“买什么”。孩子第一次开口向家长要钱的时候，我们首先问他的也是这样一个问题：“买什么？”这似乎是父母把关的一个重点问题。父母看来不应该买的东西，就绝对不会给孩子钱。如果孩子回答说：“想买一支玩具枪。”我们也许就会拒绝他：“上周不是才买了一支玩具枪吗？怎么又买？”但是如果孩子说：“我的水杯丢了，想买个水杯。”我们就一定会答应他的要求。当孩子逐渐明白什么钱该花、什么钱不该花的时候，我们就应该给他足够的信心，相信他可以做出正确的判断或选择。不能因为担心他做不好，就剥夺他尝试的机会。

曾经看过一则新闻：某大学化学教授的孩子已经17岁了，从来没有零花钱，也从不问家里要零花钱。有人觉得这孩子省心。其实，他的家人非常担心。孩子的父亲回忆说：在孩子14岁的时候，出远门去看望奶奶。不料准备回家的时候钱包却掉了，孩子本可以打电话给父母，或者返回奶奶家中，但他并没有这样做，而是独自走路回家，直到第二天才出现在父母跟前。

类似的事件已经很多了。这位父亲总觉得孩子这样做是故意报复他们。为什么孩子会想着报复父母呢？原来，在孩子很小的时候，教授和妻子害怕孩子乱花钱，对他的零花钱管制相当严格。零用钱一般不会直接给他，而是由父母代为保管，装在一个盒子里，并把盒子锁住，钥匙在母亲手里。如果要用零花钱，必须向父母说明要多少钱，具体怎么用。父母同意之后才会发放给他零用钱。每次如此，直到最后，孩子再也不问父母要零花钱了。以后无论什么情况，他都拒绝向父母开口。于是才发生了上面步行一天一夜回家的事情。

一个大学教授，为什么一直以来却对孩子的能力没有信心，也从不给孩子自己做决定的机会，而导致叛逆期的孩子用这样极端的方式回应他呢？这就是因为缺乏对孩子的认识与了解。如果当初他懂得尊重和相信孩子，也就不会造成今天的困局了。

第二，“花多少”。一个孩子到底应该花多少呢？这也是很多父母疑惑的问题。我们小的时候，给一两元零花钱也很开心，而我们的父辈压岁钱才几毛钱。时代不一样，不具备可比性。所以，现在的孩子该花多少，我们真不好衡量。有些比较富裕的家庭，父母根本不知道孩子花多少钱合适，于是每次给的零花钱都比较多。开始孩子也不知道怎么花，渐渐地，他学会了请朋友们吃饭，进出娱乐场所，甚至在生日的时候请一群朋友去吃鲍鱼。孩子养成了奢侈的习惯，挥金如土。当父母察觉问题的时候已经晚了。

还有一部分父母，担心孩子养成大手大脚的习惯，就对零花钱的金额进行了严格的控制。我就见过这样的情况，孩子已经上中学了，但是零花钱还少得可怜。在孩子初中毕业的时候，想买一个有纪念价值的礼物送给好朋友，却遭到了父母严词拒绝。这件事对孩子的影响很深，很长一段时间，他都不和自己的父母说一句话。

花多少钱，不能走了极端，太多或太少都不利于孩子成长。所以，花多少钱这个决定权我们也应该交给孩子。只有他们自己最清楚，他们需要多少钱。

第三，“剩多少”。有些父母不会直接问孩子“买什么”“花多少”。但是喜欢问孩子“剩多少”。从表面上看，这个问题很正常。但事实上，这样问会对孩子造成很大的压力，这是一种间接管制零花钱的方式。因为如果父母经常询问孩子的零花钱剩余情况，当剩余的金额与自己期望的金额相差甚远的时候，势必会干涉孩子怎么支配零花钱。

孩子的成长需要我们不断对其放权，只有通过放权的方式，才能真正地开发他们的潜能，提升他们的能力。而我们很多时候都忽略了这一点，认为爱孩子就是帮他策划人生。其实这种做法是对孩子权利的剥夺，会阻碍他们在成长过程中的自我实现。

因此，适当的时候我们应该把权利交还给孩子，让孩子自己支配其财富，就像教孩子学走路一样。起初需要学步车，需要父母的扶持，但有一天父母终究是要放手的。如果一直扶持孩子走下去，孩子可能一辈子都学不会走路。所以，对孩子过分担心的父母，应该学会相信你们的孩子。也许你们刚放手的时候，他们会摔上几跤。不过，等他们爬起来的时候，就会长记性了。

本节提醒

2006年《中国城市儿童收视和消费力研究》调查显示：以休闲食品为例，61%的儿童拥有决策权。不可否认，在城镇家庭，特别是经济条件较好的家庭，4岁以下的儿童已经对某些消费有了决策权。

我们在提倡对孩子放权的同时，也不能放松对孩子的监督力度，现在很多家庭结构呈“倒金字塔”形，对孩子溺爱的现象十分普遍，毫无节制的放权只会助长孩子在消费中的盲目攀比和过度消费，极易出现“消费早熟”的现象，这些问题都迫切需要通过家庭消费教育的引导作用加以解决。

孩子记账，要注重交流，切忌流水

大家有没有这样的困惑：上一秒手中还有100元，但转眼间100元变成了50元，50元变成了20元，20元变成了5元，最后连5元也没了。我们不禁发出这样的感叹："为什么100元花得这么快？"

其实并不是100元花得快，实际每种面额的人民币都会很快消失在我们的钱包里。

钱去哪儿了？难道钱掉了？还是不小心被偷了？怎么能够在我们不知不觉中它就减少了？如果我们有记账的习惯，就不难解释这是怎么回事了。

比如从100元中每次抽出1元钱，并不容易被察觉到。不过，当我们抽钱的频率非常高时，我们就发现，100元一会儿就没了。开始我们怀疑那些钱是丢了，实际上，是我们这样东一下、西一下地花光了。

记账是一个很好的理财习惯，从小引导孩子养成记账的好习惯，他才会对自己的行为有个既全面又客观的审视。

孩子刚开始自己管理和支配钱的时候，可能是糊里糊涂的，经常不知道钱是怎么花光的。所以，我们才需要教他如何记账。

专家建议，家长可以给学龄期的儿童买一个小巧轻便的笔记本，让他每天带在身上，把自己的每一笔收入和开支都记录下来，不需要任何分类，也没有任何格式。例如，买了一支冰激凌，给了叔叔5元钱，叔叔找我2.5元。过了一会儿，又买了一个橡皮擦，给了阿姨1元钱。就这样以流水账的方式记录下来。

这样做到底有什么意义呢？没有格式、没有时间、没有类别，不仅不便于查看，也不便于统计分析。其实，记账的目的在于更加客观地了解自己的财务状况，从而改善或者避免一些不良的理财习惯，让自己更好地管理和经营自己的财富。孩子刚开始记账的时候，我们的目标只是培养孩子养成记账的习惯，不断加强记账的行为。等到孩子开始怀疑或者反思自己的记账行为的时候，我们就可以告诉孩子记账的价值，然后给他们提供科学的记账方式，鼓励他们坚持记账，找出自己在理财中的问题。

常见的儿童记账方式有以下三种：

第一种方式：对照法。这是一种常见的方法。首先，孩子需要清楚了解自己有多少钱，计划怎么分配。然后把这个计划写下来，作为预算，当产生一项收入或支出的时候，就把它记录下来。以一个月或者一个星期为周期，按照自己写出的预算进行对比、总结。

第二种方式：分类法。这种方法比较细致。首先，需要孩子对自己的消费情况作一个详尽的分类。例如，花费在玩具、游戏或游乐场上的钱，我们可以归类为“娱乐消费”；花费在吃的、喝的方面的钱，我们归类为“饮食消费”；花费在文具、学习用品、图书、体育活动方面的钱，我们归类为“文体消费”；花费在各项兴趣爱好、特长培养方面的钱，例如绘画、舞蹈、乐器等各种培训班，我们归类为“素质拓展消费”；花费在服装配饰方面的钱，可归类为“服饰消费”；花费在人际关系中的费用，例如朋友生日赠送礼物，看望生病的同学，为老师、爸爸妈妈、爷爷奶奶购买节日礼物等，我们可归类为“人际交往消费”；其他的可归类为“日杂消费”，例如交通费、通信费等。

第三种方式：收支记账法。这种方法比较简单，只需要把账目分为两大类：收入情况和支出情况。收入包括自己获得的零花钱、红包、压岁钱以及自己的储蓄、投资盈利等；支出包括日常开销、投资亏损、借贷账务等。

这三种方法各有特点。从记账的周期长短来看，第一种方法和第二种方法为短周期记账法，适合每天记录或者每周记账。第三种方法为中长期记账法，适合每月记账或季度记账。

从记账的侧重点来看，第一种记账方法更重视孩子的计划和预算能力的培养，通过实际产生的花费与预算中的花费相比较，促使孩子找到自己的问题所在。一方面，改善自己的预算。另一方面，管理自己的花销。

第二种记账方式则注重孩子消费能力的培养。让孩子将消费的情况以不同的类别记录下来，通过对各项的统计分析，可以发现自己花费较多的项目和花费较少的项目。从而制定目标和执行手段，改善自己的消费习惯，合理分配资金。

第三种记账方式更注重孩子在财商上的宏观支配能力。这种方式已经忽略了预算和消费的细节，而是从总的收支情况出发，不仅可以让孩子了解自己拥有的财产的总体情况，也可以让孩子了解到自己的投资和债务情况。

第一种和第二种方式适合低年龄段的孩子，而第三种方式则比较适合13岁以上的孩子。选择第二种理财方式，孩子可以在记账本上画出几条线，作为不同项目的分区。然后把消费情况分为“饮食消费”“素质拓展消费”“人际交往消费”“日杂消费”等类别。把每天实际获得的零花钱总数记录在收入栏中，把每项开支对应记录下来，每天一页。这样看上去就简单明了。

通过记账可以帮助孩子发现自己的问题所在。例如，孩子每月的零花钱用在“人际交往消费”项目上的金额最多，就说明孩子在人际交往中可能缺乏经验和技巧，导致这一项的开支高于其他开支。发现这个问题之后，孩子就要想办法控制这个项目上的消费，并坚持记账，通过账本来考察资金分配的改善情况。

本节提醒

专家认为，6–12 岁的儿童是理财观念培养的黄金时期，这个时期所形成的消费观念可能在儿童发展过程中根深蒂固，很难改变。因此，我们可以在这一时期借助记账的方式，帮助孩子形成健康的消费观念。

儿童记账有以下两点技巧：1.建立预算项目。让孩子清楚什么是必须的、什么是想要的，在消费之前作出一个合理的规划。2.养成每日结算、每月小结的习惯。记账并不只是记录，关键在于从记录的内容中获得信息，这就需要孩子每天能坚持结算，每个月坚持小结，从不断的反思中更准确地做出预算，然后更理性地进行消费。

让孩子自己组织一个生日派对

孩子到了学龄期了，朋辈群体渐渐扩大。除了亲戚之外，他还有自己的朋友、老师和同学。孩子的社交网络逐渐增大了，这个时候不妨由孩子自己控制预算，开一场生日派对。

把钱交给孩子由他自己做主，可能是件高风险的事。不过，只有通过这样的方式，才能让孩子把理财的理论方法变成实践，并通过实际操作学会计划、安排、管理和支配。

周先生在儿子6岁生日的前一周，对孩子说："孩子，下周就是你6岁的生日了。你准备怎么过呢？"

孩子思考了一会儿，对周先生说："该怎么过呢？以前不都是和爸爸妈妈、爷爷奶奶一起过吗？爷爷奶奶还会给我买好多礼物呢。"

周先生说："今年爸爸妈妈和爷爷奶奶都准备让你自己安排。你想想，该怎么过呢？你可以邀请你的朋友，这可是一次难得的机会哦！"

孩子一听，来了兴趣，仔细考虑着。周先生提醒说："不如，你自己好好策划一下，把你想到的列在纸上，以免忘记了。如果你想好了，就到爸爸妈妈这来申请经费吧。这些经费就当爸爸妈妈送你的生日礼物。”

之后，孩子果然认真地策划起了自己的生日，还打电话询问他的哥哥姐姐们。过了两三天，孩子找到了周先生：“爸爸，我都计划好了，我想请这7个朋友，可以吗？”他拿出一张纸，上面列着一些名字。周先生说：“当然可以，你想请哪些朋友，你说了算。”

接着，孩子又说：“我的生日刚好在星期四，本来想请我的朋友们在家里开派对，可是要上学。所以我想下午请他们在街对面的肯德基吃饭，晚上在家里吃生日蛋糕，可以吗？”

周先生说：“不错，安排得很合理。”

孩子说：“那么，爸爸，到时候你帮我买一个生日蛋糕，再带我们去肯德基好不好？”

周先生说：“孩子，我们已经说好了，这次的生日由你自己安排，包括买蛋糕和请朋友吃饭。你需要计算出应该花多少钱，妈妈才能把钱给你。”

孩子说：“可是我也不知道应该花多少钱。”

于是，周先生首先带着孩子来到了蛋糕店，向蛋糕师傅询问了不同型号、不同口味蛋糕的价格，并让孩子通通记录下来。然后去肯德基拿了一张餐单，供他参考。

回家之后，孩子一直关在房间里琢磨自己该订一个多大的蛋糕，该请朋友吃些什么东西。第二天，孩子拿了两份预算给周先生。两份预算中生日蛋糕是相同的，都是25cm的巧克力蛋糕，需要220元。不同的是，在肯德基的消费，第一份预算比第二份多30多元。因为第二份预算需要470多元，于是，周先生给了孩子500元作为生日经费，生日就由他自己安排了。

第二天放学之后，孩子先去蛋糕店取了蛋糕放在家里。然后他带着7位朋友在肯德基吃饭。让周先生惊讶的是，孩子居然没有多花一分钱，他严格按照提前制订的方案进行，而且，朋友们也玩得很尽兴。这说明孩子的预算还是非常恰当的。第一次由孩子自己安排的生日派对，算是成功落幕了。

很多家长都不会像周先生一样，放心把钱交给一个五六岁的孩子，让他们自己去安排生日派对。作为家长，我们往往觉得这样太冒险，不仅可能损失金钱，还可能出现其他意想不到的会伤害到孩子的状况。其实，我们都忽略了孩子自身的能力。在西方国家，孩子在四五岁，或者更早的时候就能自己进行资金预算，筹划生日派对了。只要我们肯放权，他们可能比我们想象中做得更好。

一个简单的生日派对，不仅仅能够提高孩子的理财能力，还能够提升孩子各方面的能力，通过培养和训练，让他们在今后的生活和工作中更加得心应手。

本节提醒

筹划一个生日派对，就如同家长在工作中需要做的各种各样的策划方案。首先，要有一个总体预算。这可能包括人员、交通、住宿、饮食、各种意外情况的花费等。其次，需要一个详尽的执行计划。这当然是越详细越方便操作。最后，还需要有个总结和评估。我们对照预算来检查预算是否严格控制在预估的范围内，是否还有地方没有考虑到，以便在今后的工作中及时避免。孩子筹划生日派对也可以借用这种方式。

狠心让孩子为自己的错误预算埋单

居里夫人的故事大家应该并不陌生吧。玛丽·居里5岁的时候，有一天在房间里玩耍，不小心打碎了母亲最喜欢的陶瓷花瓶。当时家里并没有人看见，小玛丽可以悄悄走开，不承认这件事，从而逃避母亲的惩罚。但5岁的小玛丽选择了勇敢承认自己的错误，为自己犯下的错误负责。

这则故事出现在小学课本中，它教育每个孩子都要诚实、勇敢、有责任心。现在很多父母习惯替自己的孩子承担责任。当孩子遇到困难，或者当孩子闯了祸之后，父母就会像挡箭牌一样，挺身而出挡在最前面。“孩子，没事，天塌下来还有父母顶着。”我们误以为这是对孩子的爱，事实上，这会让我们的孩子变得更懦弱，或者更肆无忌惮。

不仅是成年人需要对自己的行为负责，孩子同样需要为自己的行为负责。责任心要从小培养，他才能成为一个有担当的人。

王先生的女儿今年5岁了，为了培养她的自主能力和责任心，王先生尝试把购物的决定权交给女儿。不过，王先生事先和女儿约好，每次给她买东西的钱是有限的。如果超过预算了，就必须从她平时的零用钱中扣除，不过，节省下来的钱都归她。

在王先生的陪同下，女儿开始按照事先列好的购物单选择物品。在购物的过程中，王先生发现，女儿对物品的价格、数量和品牌并没有在意。例如，在购物单中列出了“鱼”，女儿居然买了3条2斤左右的鱼，显然买得太多了。购物单中列出了“面粉”，本来有10多元一袋的面粉，但她却不假思索地选择了20多元一袋的面粉。

就这样，女儿把购物单上列出的物品都放进了购物车。但是，女儿在结账的时候发现，物品加起来比预算多了50多元。

女儿很难为情地看着父亲，好像在向他求助。于是王先生拿出钱结了帐，然后对她说：“这50多元钱是爸爸借给你的。以后每天从你的零花钱中扣除2元，两个月你才能还清。”

尽管女儿很不情愿，不过事先既然约好了，就应该为自己的行为埋单。这可以让她明白，自己在这次购物中忽略了哪些问题，是什么原因造成她连续两个月被扣零花钱。

在对孩子进行教育的过程中，千万不要用“孩子还小”这样的借口来说服自己为他的行为埋单。如果你始终认为孩子还小，那么，他很可能永远都长不大了。我们多次强调，要把孩子当作一个独立的个体来看待。为自己的行为负责，这是他成长过程中的必修课。

人非圣贤，孰能无过？不是每个孩子生下来就具有良好的观察和分析能力，善于计划和选择。因此，作为父母的我们，首先，要正视孩子在成长过程中犯下的错误，或遭受的困境。不要因为生气而放大孩子的错误，给予他极端的惩罚，也不要为了避免损失或逃避困境，而不允许他犯错误。例如，当王先生的孩子选择了价格比较贵的面粉时，如果王先生为了避免10多元的损失，立刻制止她的行为，让她换一种便宜的面粉，她就不会明白自己的问题出在哪儿。只有当她的行为发生了，并要为她自己的行为埋单时，她才会主动去审视，发现自己的问题，并在下次避免同样的问题发生。

另外，作为父母，我们还必须给孩子一个承担责任的机会。不要以爱的名义做一些糊涂的事情。过分保护或偏袒孩子，只会害了他们。如果不论遇到什么事情，我们都为他们承担后果，那么，当孩子独自遇到风险或诱惑的时候，就意识不到自己的责任与义务所在，会彻底失去承担责任的能力。所以，我们要鼓励孩子去面对后果，自己做的事情自己承担。

在这次购物中，王先生的孩子超过预算50多元。如果王先生直接为她埋单，不要求她偿还，那么，她就不会认识到这件事情的严重性，反而觉得无所谓，反正无论做什么，都有父母帮着处理。下次再让她自主决定购物时，她不但不会总结前面的经验教训，可能还会变本加厉。但是，如果缩减孩子两个月的零用钱，让她把超过预算的部分弥补上，她就会认真去反省自己的行为，并努力去避免同样的事情再次发生。

最后，在培养孩子责任心的时候，我们还需要以身作则。想要把孩子培养成什么样的人，就要给孩子营造一个什么样的环境。如果父母都不能为自己的行为负责，怎么能要求孩子养成自律的习惯呢？

本节提醒

列夫·托尔斯泰说过：“一个人要是没有热情，他将一事无成，而热情的基点正是责任感。”孩子责任心的培养是一个漫长而系统的工程，不可能一蹴而就，孩子的责任心培养不仅要依靠家庭教育，还要依靠学校教育。儿童乐于扮演各种角色，角色扮演的过程事实上是对现实生活的重现，通过角色的责任来强化自身的责任意识。

此外，孩子的责任心是随年纪的增长不断形成的。3–4 岁的孩子属于被动责任阶段，这个时期，孩子并不能意识到自己“应该主动承担”什么，家长可以通过指令让孩子有被动责任，例如“你应该把自己的玩具收拾好”。5–6 岁的孩子属于不完全理解的责任阶段，他开始明白自己应该做什么，但常常需要家长提醒，这一阶段是培养孩子责任心的关键期。6–7 岁的孩子认识水平进一步提高，属于理解责任阶段，不但明白自己在家里、在学校应该做什么，还明白自己在公共场所应该做什么，但是由于孩子的认知水平还未发育成熟，自觉性、自律性仍然有待提高，因此需要家长继续培养其责任心。

教会孩子应对广告和促销

新闻媒体时常报道因为轻信广告而上当受骗的人。例如，有位老太太看到街边有人在宣传0元拿手机，于是不假思索地拿了一部。没想到，办理一些拿手机的程序时，工作人员就要求她拿出800元来充话费。老太太本以为可以拿走这部手机了，工作人员解释说，这800元全是话费，并没有手机的费用。充800元花费，实际上可以获得1200元。老太太一听，信以为真，回家取了800元交给了工作人员。后来发现，手机中的1200元话费要分一年返回给用户，每个月100元。话费超过100元后就会停机，但是如果话费用不到100元，上个月的话费会在第二个月清零。

本来60多岁的老太太，每个月的话费仅仅十几元，使用这个手机就意味着，现在她每个月要多花80多元的话费。

在销售人员的眼中，除了目标客户群体为他们的发展对象之外，老人和小孩也是他们的发展对象。原因很简单：老人和小孩容易相信广告和促销。因此，也有人说："老人和小孩的钱最好赚。"

不仅是老人和小孩，我们每个人都可能落入广告的陷阱，遭受损失。我认识一位准妈妈，每当听到有人推销母婴用品，她就会特别有兴趣地去了解。只要听促销人员说上两句，她就忍不住购买。因此，家长需要教给孩子正确看待广告和促销。

第一，让孩子知道，广告和促销并没有那么可怕。很多人对广告和促销存在很矛盾的感情。一方面，它们能向我们提供更多的信息和参考，为我们带来方便和节省；但是另一方面，广告和促销又可能成为一种让我们无法抵挡的诱惑。

但如果我们正确地看待它们，就可以利用广告给我们的生活带来便利。例如，当我们需要买一部电子词典，并不了解什么品牌可靠的时候，看看广告推荐，就能轻松选出品质较好、大众信赖的品牌。

第二，让孩子看到广告和促销中也存在陷阱，并学会有效地去避开这些陷阱。广告和促销最重要的特点就在于，它们具有“煽动性”，可能用失实的、夸张的方式来推荐某些产品或服务，诱导我们消费。遇到这样的广告和促销，我们就需要让孩子学会坚持主见、拒绝诱惑。

首先，控制孩子的购买欲望。孩子的学习和模仿能力很强，在这个时期，他们习惯于接受来自各个方面的信息，但是对这些信息缺乏理性的判断。所以，孩子更容易受到外界的诱惑。我们可以鼓励孩子控制自己的购买欲望，看到的不一定成为自己想要的，想要的也不一定非得拥有。在每次购物的时候，都要让孩子认真思考几分钟，想想为什么想要这件东西？如果购买了它，会付出什么代价，有什么样的后果？

其次，在日常生活中，帮助孩子树立坚定的信念。与其躲避广告和促销，不如直面它们，保持自己的判断力，不受任何干扰。避免性格中的优柔寡断，学会对广告和促销说“NO”。

最后，孩子可以在保持自己立场的同时，多听取父母的意见。虽然孩子有些自控能力，但是对于诱惑力较高的广告来说，我们很难去要求孩子能够完全抵制住广告和促销的诱惑。所以，我们鼓励孩子在动心的时候，咨询一下身边的父母。

本节提醒

培养儿童的自控力是避免儿童掉进广告陷阱的有效方法。培养儿童的自控力可以通过以下三种方式：1.激励，即正强化。研究表明，对儿童使用激励的方法，可以增强他们进行该行为的可能性，如果孩子在自觉抵制不良诱惑后，家长给予适当的物质激励或精神激励，在以后面临同样情况时，他通常会重复上一次的行为。2.不予理睬。忽视孩子采取的某些行为，不做任何评论，这会引起孩子反思。因为每个孩子都希望受到他人关注，当这种关注中断时，他就会尝试做出家长期望的行为，重新获得关注。3.惩罚。有些孩子获取关注的方法刚好相反，他们通常会采取与家长期望相背离的行为，家长应该立即禁止他的行为，并给予一定的惩罚，即负强化。从儿童心理学的角度来看，如果在教育中只有正强化，是不足以对儿童的行为产生持续影响的，负强化能增加儿童放弃某种行为的可能性。只有正强化和负强化相互配合，有激励也有惩罚，才能有效地培养孩子的自控力。

第三章

分享账户，让孩子通过给予感受幸福

亲爱的奶奶，我用自己的钱给你买礼物

小的时候，我们都听过许多民间故事。其中最广为流传的是孔融让梨。一天，孔融的父亲买了一些梨子，并拿了一个大的给他，但是孔融却为自己换了一个最小的梨子。他说："我年纪还小，应该吃小的梨，大的就让给其他人吧。"当时孔融只有4岁。听了这个故事后，每当遇到自己喜欢的东西时，我都会迟疑一下，然后把好的东西和身边的人分享。这些民间故事一代一代传承下来，是因为长辈都希望孩子从故事中能学习到礼让这一中华民族的传统美德。

自私是人类最可怕的敌人，但是每个人都不可能完全抛开它。只有学会感恩和分享，才能控制自私的心理，不让它无限膨胀。

不过，令人担忧的是，现在的孩子大都是独生子女，集万千宠爱于一身，几乎身边所有的亲人都希望把最好的全让给他，结果出现了无数个"小皇帝""小公主"。他们刁蛮任性，有的还自私自利。享受到太多的宠爱，他们就忘了要感恩，也不懂得回馈。如果家长不及时纠正，对孩子的将来只会有害无益。

杨先生和太太都在外企工作，虽说国庆放了七天长假，但是

工作任务堆积如山，杨先生和太太也只好假期在家继续工作了。他们的孩子很懂事，知道大人忙，也没有提出要陪他玩。一天，孩子对杨先生说："爸爸，我负责买早点，你给我工资好吗？"杨先生笑了笑说："你行吗？"孩子拍着胸脯说："行！楼下卖早点的叔叔我认识，我行的。"听孩子这么说，杨先生爽快地答应了，并且承诺每天给他1元钱作为买早点的工资。

接下来，孩子又向他们提供了各种各样的服务。比如擦鞋、扫地、洗袜子……这些服务不多不少倒也能为杨先生和太太节省些时间。于是他们照单全收，依照惯例，每项服务支付给他工资1元钱。

起初，杨太太认为这样做不好，孩子这么小，做点事就要给他酬劳，岂不是害了他？杨先生觉得孩子平时也会帮着大人做点力所能及的家务，可从没有开口要酬劳，这次他主动提出要给他"工资"，一定有什么原因，不妨先看看再说。另外，让孩子知道，付出了劳动就应该获得相应的酬劳也是一件好事。这会让他明白自己劳动的价值，毕竟在现实生活中，没有谁会永远无偿地为别人劳动的。

过了几天，眼看快收假了，孩子突然提出要去看望奶奶。

孩子的奶奶住在郊区，自从爷爷去世之后，她就一个人生活。隔三岔五杨先生一家就会带着孩子回去陪她。这一次国庆假期本应该回去看望孩子的奶奶，但因为在家忙工作，杨先生夫妇也没能抽出时间。难得孩子有这样的孝心，于是，他们决定空出一天来，一起去郊区看望孩子的奶奶。

奶奶特别宠孩子，每次听到他要来，就会提前准备很多好吃的。奶奶的厨艺很好，会做好多私房菜，其中有孩子最喜欢的牛肉干。每次在奶奶家吃了，还要装一袋带回家。每逢儿童节和春节，奶奶都会包个红包给孩子，尽管老人家的退休工资不高。

孩子也特别亲近奶奶，这次去看望奶奶，孩子说一定要买份小礼物送给奶奶。杨先生听了特别开心，对孩子说："想送奶奶什么？给爸爸说，爸爸去买。"

只见孩子从他的小口袋里掏出整整齐齐的一叠零钱，这都是他这些天的"工资"。孩子说："我要用自己的钱给奶奶买件小礼物。"原来他努力"赚钱"是为了给奶奶买礼物，这倒出乎杨先生和太太的意料了。

杨先生问孩子："那你想买什么呢？"

孩子说："奶奶老是一个人在家，我想买只小动物陪着她。"

"小动物？猫猫？狗狗？但是儿子，猫猫、狗狗都很贵的，你买得起吗？不如让爸爸给你买？"

孩子认真数了数手中的零钱："我有13元钱，我要自己买给奶奶。我不买猫猫、狗狗，我要买只小鸭子。"

"小鸭子？"杨先生、杨太太都有些惊讶。

尽管孩子的礼物有些特别，他们还是决定带他去农贸市场看看。

逛了整个农贸市场，终于找到了一家卖小鸭子的。孩子蹲下来，一只一只地选。最后以10元钱成交，他选了一只他认为长得最漂亮的小鸭子。孩子说，要给小鸭子取个名字，叫"果果"。"果果"是孩子的乳名。

杨先生提前给奶奶打了电话。驱车一个多小时，终于来到了奶奶家，奶奶老早就站在大门口等着孙子。

见到亲爱的奶奶，孩子赶忙跑过去扑到奶奶的怀里。随后，他从箱子里拿出小鸭子送给奶奶。奶奶看到朝思暮想的孙子，看到这只和他同名的礼物，顿时喜极而泣。

杨先生的孩子并不是一个特例，其实每个孩子都可以像天使一般，关键在于我们怎么去引导和教育他。财商的教育，并不只是告诉孩子怎么去获取更多，还要让孩子明白，怎么把自己劳动所获得的东西分享给爱他的人。

本节提醒

孔融让梨几乎是每个家长都会讲给孩子听的故事。那么怎么才能让孔融让梨的故事产生效果？这需要家长言传身教。“接受”是孩子天生就会的，但是“付出”却是需要后天培养和教育的。接受是学会付出的必经之路，学会付出是接受的最终目的。真正的慷慨来源于爱，如果孩子心里没有爱，那么教会他分享和给予就很难。

和孩子谈谈那位“有借无还”的朋友

在西方国家，人与人之间的关系建立在契约之上。当两个人发生债务关系时，契约规定了双方的责任和义务，所以他们不会担心因为债务关系而影响了人情。而作为礼仪之邦的中国，很多关系是建立在情感之上的，特别是当两个人发生债务关系之后，如果缺乏契约的约束，很可能因为债务关系影响到情感。孩子也可能碰到同样的状况，家长不妨学学下面案例中吴女士的方法，让孩子在债务关系中明白契约的重要性。

某日，吴女士的孩子放学回来，书包都还没有放下，就跑到吴女士跟前，很慎重地对她说：“妈妈，能先借给我50元钱吗？”

吴女士有些疑惑，孩子刚上学，每天零花钱也就5元，他还经常用不完。怎么就突然开口要50元呢？难道闯什么祸了？于是，吴女士问孩子：“你要50元干什么？你给妈妈讲清楚。”

孩子说：“妈妈，是小乐找我借50元。他就在楼下等着我，你快借给我吧。等小乐明天还我钱了，我就可以还给你了，好不好啊，妈妈？”

小乐与孩子年纪相仿，就算小乐要借50元钱，这些钱打算花在哪里？吴女士觉得有必要问清楚，孩子向她解释说："小乐的爸爸妈妈今天都要加班，很晚才能回家。小乐又忘记带钥匙了，于是他决定打车去姥姥家。不过没有车费，所以我就答应借他50元打车去姥姥家。"

原来是这样，看来孩子还挺仗义的。于是，吴女士拿出50元交给他，让他赶忙给小乐送去，免得晚了再打车不安全。

第二天放学回家，孩子递给吴女士50元钱："妈妈，小乐今天还我钱了，你瞧，50元，没错吧。"吴女士收下钱，听孩子继续叨念着："小乐真好，比小文好多了。小文每次借钱都不还我，以后我就借给小乐。"

"小文每次借钱都不还我"，吴女士有些惊讶，之前怎么从未听孩子提起过给小文借钱这件事。

吴女士把孩子拉到身边，问他："小文借过你的钱吗？"

"对啊，小文找我借过很多次钱了。他都不还我。"

"那他为什么找你借钱呢？"

"有时候他想吃汉堡包，有时候他要买游戏光盘。他自己的零用钱不够，我就借给他了。"

"那你为什么不找他还呢？"

孩子皱了皱眉毛，想了会儿对吴女士说："小文说我们是哥们，哥们就要互相帮助啊。再说，我是男子汉，我不好意思找他还钱。"

孩子说完就提着书包去写作业了。

作为好哥们，孩子往往会毫不犹豫地把钱借给对方。就算对方不还，也不好意思找他要。吴女士猜测自己的孩子也陷入了这样的困境：一方面，害怕影响到他和好哥们小文的友情。另一方面，他又不喜欢小文借钱不还的行为。遇到这样的情况，家长应该找个机会和孩子好好谈谈这位借钱不还的哥们。

某日，吴女士故意没有给孩子零花钱，并对孩子说："孩子，今天妈妈就不给你零花钱了。小文不是欠你钱吗？你让他还你一些。"

孩子好像很为难的样子，然后什么也没说就出门了。

回来的时候，吴女士问他："小文还你钱了吗？"

他摇了摇头。吴女士又问："是不是你没找他还啊？"

孩子委屈地说："妈妈，小文好像都不记得借过我的钱了。再说，他是我哥们，我真的可以让他还钱吗？是不是不够义气呢？"

吴女士说："孩子，借债还钱是天经地义的事。是好哥们就更应该还钱了。你不妨试着问问小文。"

接下来的好几天，孩子都有些闷闷不乐。吴女士猜到，他并没有找小文还钱。于是，吴女士语重心长地对孩子说："妈妈小时候也像你这样，不好意思找好姐妹要钱。但是想着她借钱不还，妈妈心里又很不高兴。所以啊，时间长了，妈妈自然就和她疏远了，想来还真遗憾。"

看着孩子若有所思的样子，吴女士接着说："孩子，你说小文是你的好哥们，那你想不想他和你永远做哥们呢？"

孩子干脆利落地回答说："当然想啊，其实小文对我很好的，虽然他老是借我的钱不还，但是我还是很想和他做朋友。"

吴女士说："那好哥们有缺点，你是应该隐瞒呢，还是应该指出来帮他改正呢？"

“当然要帮他改正。老师告诉过我们，真正的好哥们就要帮助他改正缺点。”

“很好。既然是借别人的钱，就一定要还给别人。否则，不就成耍赖了吗？如果他借你的钱，你不找他还，就等于无视他的缺点。那么，他就不能改正，今后，他找大家借钱都不还，大家就会讨厌他，不和他玩，他就会失去很多很多的小伙伴。作为好哥们，你愿意看到他这样吗？”

“当然不愿意。”

“那么，现在，你可以告诉小文，把借你的钱还给你。让他明白借别人的钱一定要还，帮助他改正缺点。”

孩子又有些犹豫了：“可是这样，小文会不会觉得我小气呢？”

“孩子，小文会明白你是对他好的。不如这样，你假装没有零花钱了，然后问他能不能把借的钱还给你。看到哥们没钱，小文也不会不管的，是不是？”

孩子点点头。然后吴女士继续说：“下次小文再找你借钱的时候，你一定要问清楚他干什么。所谓救急不救穷，如果他像小乐一样，有要紧的用处，你可以借给他。但是如果他是因为吃零食或者是玩游戏钱不够，你就不要借给他。另外，下次你决定借给他钱的时候，一定要和他约好还钱的期限，到了期限，你就要找他还钱。还要告诉他，只有还了这次借的钱，下次才会再借钱给他。有借有还，再借不难就是这个道理。”

“妈妈，我明白了。明天我就找小文还钱去。”

第二天，孩子兴高采烈地跑回来，说小文还了他的钱，他们现在还是好哥们，比以前还好。孩子还说，他要用个小本子把借给别人的钱或者自己借的钱记录下来，随时提醒自己，不要忘记找别人还钱，或者还别人钱。

在债务活动中，钱的金额其实并不是最重要的，信用才是最值钱的东西。无论是孩子借给别人钱，还是找别人借钱，我们都要让他明白，切勿因小失大，毁了自己的信用。

本节提醒

人情是一门复杂的学问，孩子往往会因为人情做出一些违背自己意愿、损害自己甚至他人利益的行为，这就需要从小培养孩子的契约精神。契约精神是文明的象征，也是连接孩子的情商与财商的纽带。债务行为只有在契约的约束下，才能够建立良好的合作关系，并在维系情感的基础上发挥债务行为的功能。

让孩子明白捐款的真正意义

最近，看到一些网上炫富的新闻。主人公尽是些00后的小孩子。让人啼笑皆非的是，这些孩子都是拿着父母的钱来炫耀。将别人的成果当成自己的荣耀，真有些可悲。

儿童财商教育交流俱乐部的侯女士曾经也为孩子炫富的问题发过愁：那时候，她的孩子还在上幼儿园，经常和他们说起，谁家的小孩是坐林肯车上幼儿园的，谁家的小孩又去了香港迪斯尼。侯女士很担心这些“富二代”小朋友会影响到孩子的价值观，于是想给孩子换一个环境。

但是侯女士的老公却不同意，他说就是要在这样的环境中帮助孩子树立正确的价值观，让他明白什么才是真正的财富。他们告诉孩子，小孩子所拥有的东西，都不是自己的，而是“借”父母的。真正富有的是孩子的爸爸妈妈。只会拿父母的财富在别人面前炫耀，会被别人瞧不起的。如果你真的想成为一个富有的人，就要像那些叔叔阿姨一样努力，那样才会得到别人的尊重。

经常给孩子讲这些道理，现在侯女士的孩子早已经不再羡慕那些“小富翁”了。不过最近，他们又发现了新的问题。

事情是这样的。孩子的学校召集大家为地震灾区的小朋友捐款。第一天，孩子把自己身上所有的零花钱都捐了。回家之后，他告诉侯女士说："爸爸妈妈，我要去取钱，我想多捐一些钱给灾区的小朋友。老师说他们好可怜，我们应该帮助他们。"

看到孩子有这样的怜悯之心，侯女士和丈夫都很支持他。

可第二天孩子回家后又说："爸爸妈妈，我能不能再捐一些钱呢？"

侯女士好奇地问："孩子，你不是捐过了吗？怎么想着又捐呢？"

孩子不服气地说："我们班有的同学捐了1000块，还有捐2000块的。我才捐了205块。不行，我也要捐1000块。"

孩子的话让侯女士有些生气了。这回捐钱不是为了灾区的小朋友，居然是为了和其他同学比高低。攀比之风怎么能助长呢？

也许每个小孩都或多或少有些攀比的心理。有适当的攀比心，对孩子的成长来说是一种推动力，让他们积极向上，勇于奋斗。但物质上的攀比是很危险的，会助长孩子的虚荣心，也会给自己及家人造成巨大的压力。

在孩子价值观逐渐形成的关键时候，一定要防止攀比之心进入他的价值观。

于是，侯女士给孩子讲了一件有关捐款的故事。在她在上中学的时候，学校有位男同学得了白血病。治疗白血病得花好几十万元，但是这位同学家里并不富裕。为了帮助他治病，学校也组织了一次捐款。那次捐款大家都凭自己的能力献出了一份爱心。让侯女士印象最深的是有位同学一分钱没捐，因为他家里很穷。但是那位同学把自己最心爱的书送给了生病的同学，那本书叫《钢铁是怎样炼成的》。这份特殊的礼物给了生病的同学很大的鼓舞，发挥了比钱更大的价值。

孩子听得很认真。侯女士说："孩子，给灾区的小朋友捐款是件好事，我们应该帮助有困难的人。现在你已经做得很好了。但是和别人比较捐多少钱，就不好了。这是攀比，是虚荣的孩子才会做的。"

孩子好像知道自己错了，侯女士继续说："孩子，你想想，最初捐钱的时候，你是想帮助那些小朋友。但是，现在捐钱，你是不是想超过那些捐款很多的孩子呢？你的目的已经变了，就是说你对小朋友的爱心，快要变成对别人的嫉妒心了。"

接着，侯女士又给孩子讲了一个故事：有个小朋友，从小就喜欢攀比，他的爸爸妈妈不仅不阻止他，还尽量满足他。别人买一件新衣服，他一定要买两件；别人买辆自行车，他就要买一辆更贵的自行车。后来，他慢慢长大成人，但是攀比的恶习一直没有改变。看到别人有份好的工作，他没有，就开始说谎，说自己的工作很棒。看到身边的朋友赚了很多钱，他赚的却很少，他心里就不平衡。总想什么都超过别人，这样的虚荣心促使他走上了犯罪的道路。为了超过别人，他开始偷东西，越偷越厉害，最终被警察叔叔抓走了。

听了侯女士讲的故事，孩子很不好意思地说："妈妈，我懂了。谢谢妈妈。"

之后好些天，孩子都缠着侯女士问《钢铁是怎样炼成的》讲的到底是什么样的故事，那位得白血病的同学后来是不是好了。

其实，那位得白血病的同学后来还是去世了，这件事对侯女士的触动很大。也是从那个时候开始，她深刻地感受到生命的短暂与无常。不过，现在还不是时候告诉孩子这些，死亡是一件他们应该了解的事情，同时也是一件很残酷的事情。虽然那位同学最后走了，但是在生命的最后一段时光中，他依然是斗志满满地活着。

侯女士对孩子说："时间太长了，妈妈已经忘了那位患病的同学最后怎么样了。不过《钢铁是怎样炼成的》这本书很有意思。它给我们讲述了苏联青年保尔 · 柯察金顽强拼搏的一生。书中把主人翁比作钢铁，足见他的意志有多么坚强。这个故事感动了很多人，等你再大一点儿，能识更多字的时候，妈妈也买一本送给你。"

侯女士说等到暑假的时候，就带他去灾区实地看看，不用老师告诉他，也不用父母告诉他，那个时候，他也许就会知道捐款的真正意义所在。

本节提醒

攀比是学龄期儿童一个重要的心理特征，为了杜绝孩子的攀比心，就要帮助孩子树立一个正确的价值观。"不以善小而不为，不以恶小而为之。"正确的行为我们要支持，错误的行为要及时指出来让孩子改正。

街边乞讨者，我该把钱给你吗

对于学龄期的儿童，目前中国的学校教育就是一把双刃剑，它教会孩子善良、淳朴，但也会让孩子失去判断，容易上当受骗。这就需要家庭教育的配合，让孩子在保持童真的同时，对真实的世界有更客观的认识，请看下面这个例子。

某日，郑女士带孩子去少年宫，回来的路上过天桥，一名中年乞丐突然跪倒在郑女士面前，一脸凄苦，有气无力地念叨着："行行好吧，给点钱吧。"郑女士牵着孩子绕开他，继续往前走。乞丐却穷追不舍："求求你，给点钱吧，好人会有好报的。"郑女士有些不耐烦了，快速带孩子进了地铁站。

回家的路上，孩子一声不吭。郑女士知道孩子一定还惦记着刚才的事。于是主动问他："你怎么了？"

孩子失望地说："妈妈你教我要帮助那些有困难的人，为什么刚才那个乞丐叔叔找你要钱，你却不给呢？"

不出郑女士所料，孩子果然是为这件事不开心了。郑女士回忆起自己年轻时的一件事，那时候孩子还没有出生。某天晚饭之后，郑女士和老公去公园散步，看见一个行乞的人，他似乎双目失明，看着很可怜。每当郑女士看到行乞的，就会给他们些钱。那次也不例外，她给了钱。然而没过一个星期，郑女士和老公就又见到了那个行乞的人，他居然在和朋友玩扑克。他不是盲人吗？此时怎么又看得见了？郑女士恍然大悟，自己被欺骗了。

这种利用别人的同情心行骗的人太多了，一不小心就中了他们的圈套。损失些钱事小，但却间接助长了他们的不劳而获。

从那以后，对于行乞的人，郑女士就格外留意。可是孩子很单纯，不会怀疑是不是有人在欺骗他们，在孩子的世界中，每个人几乎都是善良、诚实的。作为父母怎么忍心一下子就把成人世界中的欺骗和丑陋通通抛给他们呢？不过，让孩子学会分辨什么时候可以布施，什么时候不能布施，是非常有必要的。

几天后，在接孩子放学回家的路上，郑女士和孩子又遇到了行乞的人。不过这次不同，行乞者比孩子大几岁，他很专注地弹着吉他唱歌。地上铺着一张纸，上面写着他的遭遇。旁边还有一个纸盒，来装大家的捐款。

郑女士拿出10元钱，交给孩子，并低声告诉他："孩子，你悄悄走过去，不要打扰正在唱歌的哥哥。把钱放进他的纸盒里。记住，一定要蹲下身放进去，不要扔进去。"

孩子点点头，轻轻走过去，把钱放在纸盒里。

回家之后，孩子忍不住问："妈妈，为什么上次你不给钱，这次却给钱了呢？"

郑女士说："孩子，上次那个叔叔，年纪不大，手脚都好好的，本可以去工作，却要在天桥上找别人要钱。而且，男儿膝下有黄金，男子汉是不能随便下跪的，你看他，看到有人经过，就跪倒在别人前面。这种人，我们千万不要给他钱。如果给了钱，就会让他习惯不劳而获，永远都靠乞讨为生了。”

孩子点点头，好像想明白了什么。郑女士又接着说：“但是今天下午，那个唱歌的哥哥就不同了。他妈妈很早就离开了他，他爸爸在外地打工，今年摔伤了，失去了劳动能力，不能再赚钱了。现在他只好在街头卖唱，希望可以筹集些学费，继续上学。所以，我们应该帮助他。”

我们很难一次性向孩子说清楚，什么人应该帮助，什么人不应该纵容。但是，我们可以像郑女士一样，用生活中的小事让孩子明白帮助别人的真正意义。对于孩子来说，培养同情心是非常重要的，同时我们也要避免那些别有用心的人利用孩子的同情心牟取利益。

本节提醒

我们不能让孩子盲目地相信那些乞讨的人，以免被欺骗，更不能让我们的孩子为富不仁，不去帮助那些需要帮助的人，这才有利于孩子更好地认识生命。在中国台湾，就有专门的课程教孩子惜福布施，以物质上的分享来充实孩子的精神世界，让孩子的精神世界不至于太贫瘠。

做个小小的慈善家

我们不得不承认，苹果产品像旋风一样，在全世界产生了巨大的影响。连我6岁的孩子也知道这世界上有个很了不起的人叫乔布斯。

最近，看孩子对乔布斯特别感兴趣，于是，我专门查阅了一些资料，把乔布斯的故事讲给他听。

听完之后，孩子震惊了："妈妈，乔布斯一定是这个世界上最有钱的人吧！我以后也要去开发产品。"

乔布斯研发了苹果产品，苹果产品风靡全球，很多孩子可能都会问："乔布斯是不是这个世界上最富有的人？"

乔布斯当然有钱，但并不是最有钱的。比尔·盖茨连续十多年蝉联福布斯富豪榜榜首，他拥有580亿美元的财富。580亿是多少呢？就拿路虎吉普车来说吧，20万美元可以买一辆，580亿美元可以买29万辆路虎了。是不是很厉害呢？也许，孩子又会问，那比尔·盖茨的钱怎么才能花完呢？其实，比尔·盖茨从没想过要独自花完自己的财富。他想把自己的钱分给所有有需要的人。他已经把580亿美元全部捐献了出来作为慈善基金。所以，比尔·盖茨从世界上最富有的人变成了世界上最大的慈善家。

对于孩子来说，为灾区的小朋友捐款，这是在做慈善；给街边卖唱的哥哥捐款，这也是在做慈善；在社区做志愿者，这还是在做慈善。慈善就是拿出我们的钱、我们的时间、我们的劳动，去帮助需要帮助的人。这是一件好事。一个有钱的老板不一定能得到大家的尊重，但是一个慈善家会得到所有人的尊重。

中国也有很多著名的慈善家。比如孩子喜欢的成龙叔叔，他就有一个专门的慈善基金会，无论是地震还是水灾、旱灾，他都会捐很多钱出来帮助大家。

每个孩子都可以成为一个慈善家，从现在就可以，不用等到以后，也不需要赚很多很多钱并把它们都捐献出来。只要孩子每天少吃点儿零食，少用些零花钱，把钱存起来，捐给需要帮助的人，或者把孩子不怎么需要的物品捐给那些需要的人；只要孩子始终怀有一颗善良的心，并始终想着将自己的东西与别人分享，孩子就是一名小小慈善家了。

本节提醒

孩子，你拥有比别人更多的物质，并不是因为你理所当然应该拥有，而是你的运气可能比别人好一些，恰好拥有的多一些。所以，你不要企图独自享用这些财富，应该把它们拿出来分享。除了爸爸妈妈之外，世界上的每个人都是你的亲人，你的兄弟姐妹。对于别人的困难和遭遇，你应该有怜悯之心，尽自己所能去关爱别人。爱是世界上最珍贵的财富，只有你付出了爱，才会得到更多的爱。

可以分享的财富不只是金钱，还有时间

《中国达人秀》是很多家庭都喜欢看的节目，不光是因为比赛的精彩、评委的幽默，达人秀的舞台上有太多的人给予了我们感动和力量。

比如说一个80后小伙子刘寅，来自四川眉山，在云南的贫困山区做志愿者老师，照顾和教育着76个孩子。到2011年已经是第二年了，他没有分文工资。在贫困山区义务教书条件非常艰苦，为了改善孩子们的伙食，让孩子们能吃上肉，他用业余时间做音乐、录专辑，放在丽江的酒吧里卖钱。他登上达人秀的舞台，也是为了让更多的人知道大山里还有这样一群孩子。

有些孩子可能要问："他都没钱买肉吃了，为什么还要去那儿呢？他是不是傻了，或者，他是不是被骗了？"

"都不是，他只是一名志愿者，是他自己坚持要去帮助贫困山区里的孩子的，因为那里的小朋友很可怜。那儿的小朋友不像你们，有漂亮的房子、暖和的被子，有丰富的一日三餐，还有零食。他们也不像你们，可以去学校上学，去少年宫学绘画。他们常常受冻挨饿，也没有学校，没有老师。所以，会有好心人去

和他们生活在一起，尽自己的能力去帮助他们，照顾他们。就像这些志愿者，不是为了钱才去的，是为了让这些孩子都能受到教育，都有肉吃。”

那么什么是志愿者？我们的孩子能不能当一名志愿者呢？

其实，谁都可以是志愿者的，只要有爱心，愿意去帮助别人。

比如2011年，我家所在的社区来了一个NGO（non-governmental organization，非政府组织），是专门为社区里贫困的人提供帮助的。我们全家报名参加了这个组织的志愿者。每周日下午，我们就会随工作人员去别人家中送些生活用品。比如说食用油、大米等。在我们这个社区，生活着一些残障人士、孤寡老人，还有一些因为失业、疾病而生活困难的人，他们很需要这样的帮助。

中国社会一直在进步，国家的保障体制也一直在不断地完善。但总有些人、总有些地方需要我们伸出援助之手。社会的问题只有依靠整个社会的力量才可以解决。这个时候，志愿者精神就尤为重要了。赠人玫瑰手留余香，我们花时间和精力去做志愿者服务，也同样从这样的服务中收获爱和启迪。

孩子还小，尽管他们不一定能提供什么实质性的帮助，不过让他们有所尝试也未尝不是一件好事。

每个月我们会召开一次义集活动，为社区中生活困难的家庭或个人提供免费的爱心摊位，将他们集中在一起卖些东西，贴补家用。集市结束之后，又将获得捐赠的钱换成生活用品发给社区需要帮助的人。这个常规性活动每次都很成功，因此，参加义集的人越来越多。秦先生也是我们小区里的志愿者。这次，他向工作人员推荐了自己的孩子过来当一回小小志愿者。

义集当天，秦先生给了孩子一顶志愿者的帽子，孩子很郑重地戴在头上。接着秦先生将一些应该注意的事项反复讲给他听，孩子很认真地听着，不时点点头。

义集现场安排在社区附近的一个商务广场上。我们到达的时候广场上已经聚集了很多人，有我们社区的居民，也有专门闻讯而来的爱心人士，更多的是路人。秦先生的孩子已经迫不及待了，秦先生为他安排了任务："孩子，看见坐在那边的卖鞋垫的老奶奶了吗？"孩子顺着秦先生手指的方向望过去，然后点点头。秦先生说："老奶奶今年有80多岁了，她的儿子很久之前就生病去世了。老奶奶没有其他亲人了，只有一个她收养的孙子。现在啊，老奶奶要靠卖自己做的鞋垫，供养她和她的孙子。我们是不是应该帮助老奶奶多卖些鞋垫呢？"

孩子点点头。秦先生说："那么，今天你的任务就是陪在老奶奶身边，帮她整理鞋垫。她行动不方便，要是想喝水什么的，你就端给她。还有啊，老奶奶的鞋垫都是自己亲手做的，用起来非常舒服，待会儿你记得买两双42号的给爸爸。"

孩子站直身子，有模有样地敬了个礼："Yes，Sir."然后开始了他的志愿者服务。

没过多久，卖鞋垫的老奶奶摊位前聚集了不少人。秦先生担心是不是自己的孩子惹什么乱子了，于是赶忙凑了过去。

只见孩子站在摊位前，两只手各拿着一双鞋垫，正拼命地吆喝："叔叔阿姨，快来买啊，张奶奶自己做的鞋垫，可舒服啦！叔叔阿姨快来看看啊。"孩子一声接一声地吆喝着，摊位上聚集的人越来越多。人群中，我们听到夸奖孩子的声音：“瞧这孩子多可爱啊，咱们买些鞋垫吧，小朋友都这么有爱心。”“哟，还有这么小的志愿者，真难得啊！”甚至还有人给孩子拍照。义集持续了一天，到下午六点结束。张奶奶特别开心，一个劲儿地感谢秦先生的孩子帮她卖了一百多双鞋垫，比平时一个月还多。孩子的志愿者服务算是完成了。后来，秦先生的孩子一直参与这项活动，小区里的很多孩子也都参与了进来，大家对他们的评价很高，甚至还有记者专门来采访他们，看来我们的小小志愿者都要成明星了。

本节提醒

有人说进行志愿者服务就是浪费时间，如果把这些时间花在赚钱上，一定能积累更多的财富。那么只能说这些人对财富的认识产生了偏差。财富不只是物质上的，也包括精神上的。进行志愿者服务是用有限的时间创造了无限的价值。其创造的财富是我们看不到的，但会使我们终身受益。从小培养孩子要有志愿者精神，就是要让孩子明白，无论自己有多大力量，都应该想着“我可以为别人做些什么”。

第四章

信用账户，让孩子成为可信赖的人

警惕！别让孩子背上沉重的债务

卡奴是使用信用卡、现金卡透支消费，月薪或收入无法将支出的部分摊平的人的自嘲。

“卡奴”一族往往在花钱的时候控制不住，看见好看的衣服、喜欢的手袋，就会拿卡去买。总抱着侥幸心理，觉得自己一定能还上。拿我自己来说，每次到期我都很难还清信用卡上透支的债务。为了不在银行的信用账户上留下污点，只好到处找朋友借钱，把透支的钱还上。一度，我甚至怀疑信用卡都是骗人的，就像不小心买了支垃圾股，一进去就被套牢了。

白领小张也有过卡奴的遭遇：他曾经办过一张信用卡，透支了10000多元。一时半会儿也没钱还上。突然有一天，银行将他告上法庭。当初欠下的10000元，如今加上利息、复利和滞纳金，他需要还银行30000多元。

很多人都出现过信用卡透支的情况。银行对每个办理信用卡的客户，都有一个信用考核。如在规定时间内不能还清债务，客户的信用等级就会降低。随后，你在其他银行也很难办理借贷业务，甚至办一张电话卡都很难。

为了彻底摆脱“卡奴”的头衔，我查阅了很多资料，对信用卡有了更加详细的了解。随后，我还在网络上结交了一些号称“卡神”的使用信用卡的高手，向他们讨取经验。通过这些努力，我也逐渐从“卡奴”翻身到“卡主”，结束了背债的日子。

其实使用信用卡的技巧很简单：

首先，要量力而行。如果自己没有还账的经济实力，就不要办理信用卡。有了一定的经济实力的时候，也一定要合理使用信用卡进行消费，切勿变成“购物狂”。

第二，要能抵挡住银行的诱惑。在办理信用卡的时候，银行往往会提供各种各样的优惠，或者赠送给客户一些小礼物，这个时候一定不要为了多点优惠或者多拿点礼物就办信用卡。办一张卡就够了，并把还款的期限设定在你每月领工资后的一个星期内，这样就能有效保证到期还账了。

第三，要善于运用信用卡的优惠功能。一般来说，信用卡有三层优惠。一是积分兑换。比如10000积分可以兑换价值20～50元的礼品。如果遇到节假日，或者使用信用卡买房、买车、旅游、订机票等，还有机会享受双倍甚至是多倍积分的优惠。二是获取消费折扣。有时使用信用卡消费，就能享受5折甚至是3折优惠。只要消费的金额在你的偿还范围以内，你就可以利用信用卡节省一大笔钱。三是信用卡异地使用无手续费。很多银行卡都有本地和异地、本行和跨行之分，在不同的地域，或者不同的银行卡之间进行消费、转账时，就会产生一定的手续费用。而信用卡的使用在国内没有本地和异地之分。无论你在什么地方办的卡，拿到任何地方使用都是一样的。这样一来，你就可以节省一笔手续费。

我们念书的时候，一般父母都会打电话问我们，钱够不够用。对于父母来说，最担心就是孩子在外面钱不够花。因为他们知道，找别人借，背着债务，脚步就会加重，往前走就会更费劲，那种感觉很“累”。如果给孩子办理信用卡，父母就可以在异地通过无卡存款帮孩子还款，不需一分手续费。

现在，80后逐渐步入婚姻的殿堂，开始经营自己的家庭。从日常的生活中，我们积累了不少理财的技巧，慢慢从以前不懂规划的孩子，变成精明的父母。那么，我们就该把有益的经验和教训教给孩子，让他们少犯一些可以避免的错误，少走一些我们走过的弯路，不要让他们因为我们教育上的过失，背负不需要的债务。

本节提醒

2006 年，一个名叫杨蕙如的 27 岁女孩的理财故事风靡中国台湾岛，被誉为“卡神”。她的方法是：办一张台湾某银行信用卡，获得刷卡消费红利点数（相当于“消费积分”）八倍的优惠，然后在购物台用信用卡购买了六百万元（台币）的礼券，转卖给亲友后让亲友在网上拍卖，自己再从网上刷卡买回。这样她的红利点数（消费积分）迅速累积到八百余万点，她用这些点数兑换航空公司的头等舱机票，以半价在网上出售，短短两个月内获利上百万元新台币。

养成借钱的好习惯比不借钱更明智

大名鼎鼎的文学家莎士比亚在年轻的时候特别大方，所以他身边有很多朋友。只要朋友有困难，莎士比亚都会慷慨解囊。

有一次，莎士比亚的一位朋友来找他借钱。莎士比亚毫不犹豫地把钱借给了朋友，哪知道时间一天天过去了，那位朋友却没有一点儿还钱的意思。某天，莎士比亚自己也遇到了经济问题，想提醒朋友还钱。没想到朋友不仅不还钱，还对他避而不见。结果莎士比亚不仅失去了金钱，还失去了一位朋友。

于是，莎士比亚写下这样一句流传深远的话："不要借钱给别人，也不要借别人的钱。"

还有一位大文豪，在借钱这件事上也有特别独特的见解。沈从文特别担心别人找他借钱，也不喜欢那些借钱不还的人。为了避免借钱所带来的种种烦恼和尴尬，沈从文想了一个好办法。比如别人找他借20000元，他会借给别人10000元，并坚持这些钱不用还了。这样一来，别人也不再好意思找他借钱了。

看来，不论名人还是普通人，借钱这件事是大家普遍面临的困扰。当朋友找我们借钱的时候，可能代表朋友遇到了困难，需要帮助。这个时候，如果我们不借，很可能影响到与朋友的关系。但是，如果我们借给朋友钱了，他没有按时还钱，我们又该怎么办呢?

我身边的一位朋友特别义气。他说："苟富贵，无相忘。"只要亲戚朋友有困难，他有能力就一定会帮忙，借给朋友的钱，他也从来没准备要回来。后来他结了婚，有了小孩，还是这样。经常有亲戚朋友找他借钱，他都很大方，且到期之后从来不找别人要钱。终于，他的老婆受不了了，要和他离婚。

大方和仗义是不能没有原则的。金钱是把双刃剑，有时候它能给人带来幸福，但当情感（例如友情、亲情）参与到金钱利益中后，会产生一些微妙的变化。这些变化我们自以为能控制，但事实上，它却超出我们的控制，甚至会给我们的情感带来伤害。

那么是不是说，我们不向别人借钱，也不借钱给别人，就一定能避免这些困惑呢?

人难免会遇到经济上的困难，会需要他人的帮助。所以，完全不跟别人产生金钱上的借贷关系是绝对不可能的。而与我们产生借贷关系的，除了银行等金融机构之外，一定都是我们身边的人。为了不让借贷关系影响我们的私人情感，我们就必须学会借钱的技巧，养成借钱的"好习惯"。在教育孩子时也是一样。

比如我的孩子，曾经因为好朋友借钱不还而烦恼。一度让他不敢借钱给别人，也不敢借别人的钱。某天，孩子和一群小伙伴相约去博物馆。没想到那天班车提前收车了，大家只好打车回家。然而，别的孩子都已经到家了，只有我家的孩子还没有回来。在我正担心的时候，接到孩子的电话。他沮丧地说："妈妈，能不能来接我啊？我在博物馆门口等你。”我疑惑了，问：“孩子，怎么回事？其他小朋友都回来了，你怎么还在博物馆呢？”孩子说：“班车收车了。他们要AA制打车回去，我的钱不够。”听孩子这样说，我有些着急了：“你为什么不找小伙伴先借点儿钱呢？回来之后妈妈还给他就是了，你这样多危险啊！”

我一边在电话里安慰孩子，一边催促老公快去接他。我想，这孩子一向很会变通，今天的行为为什么如此僵化呢？等他回来，我一定要好好问问。

孩子终于安全到家，不过已经是晚上七点多了。我把孩子拉到身边问他：“今天是怎么了，你和小伙伴闹别扭了吗？为什么不找他们借钱回家呢？还是他们不借钱给你呢？”孩子摇了摇头说：“我们一直玩得很开心，他们还主动给我借钱。可是妈妈，我不想借他们的钱，一点儿也不想。”我更加疑惑了：“又不是不还，你为什么不借呢？像今天这样，一个孩子在博物馆等着，多危险啊！”孩子说：“妈妈，我真的不想借钱。以后都不会找别人借钱。我怕自己不能按时还给别人，那借我钱的小伙伴一定会很伤心的，所以我不能借。”

看来，借钱事件虽然已经过去了，朋友最后还了他的钱，他们依然还是好朋友，但是，那件事显然给他留下了阴影，才导致他对借钱这件事产生了很极端的想法。

借钱并不是一件可耻的事情。在情况特殊的时候，借钱救急反而是明智的。我想应该让孩子明白这个道理，正确认识借钱这件事，对他今后的生活才会有所帮助。

于是，我语重心长地对孩子说：“孩子，你喜欢我们现在的家吗？”

孩子点点头说：“很喜欢。我们家很可爱很漂亮。”

我又问：“那你最喜欢我们家什么呢？”

他想了想，说：“喜欢我的小房间，是最漂亮、最温暖的。嗯，还喜欢浴室，我可以在里面洗泡泡浴、玩水。嗯，还喜欢厨房，因为妈妈会在那里给我煮好吃的。”

我说：“孩子，现在的家是爸爸妈妈借朋友的钱才买的。当初爸爸妈妈刚来到这座城市，住在爸爸单位的宿舍里，环境很差，只有一间房间。但是爸爸妈妈要生一个宝宝啊，要给你一个良好的环境，所以需要换一个大房子。不过呢，爸爸妈妈的钱又差一点儿才能买房子，所以只能借了朋友一些钱，先买下房子，迎接你的到来，再慢慢还朋友的钱。如果当初没有借钱，那么宝宝出生后就没有这样的家了，没有你的小房间，也没有浴室，甚至连妈妈做饭的厨房都没有。那么，你想想当时爸爸妈妈借钱是不是很有必要呢？”

孩子若有所思，我接着说：“比如上一次小乐找你借钱，是为了打车去外婆家。如果他当时坚持不借钱，那他能去哪儿呢？万一出什么事了，不就后悔莫及了吗？”

“又比如，一位小朋友得白血病了，现在已经有合适的骨髓可以换，不过小朋友的家里没有那么多的钱换骨髓。你觉得这个时候该怎么办呢？”

孩子回答说：“我们应该捐给他。”

我追问：“如果小朋友家里不想太多人知道这件事，也不想无偿接受别人的捐款怎么办呢？”

孩子说："那，是不是应该向身边的人借钱呢？"

我说："是的，现在你明白了吧。借钱不可耻，有些时候我们需要向别人借钱以解自己的燃眉之急。所以，你不要惧怕借钱。不过一定要养成良好的借钱习惯。"

孩子问："那么什么才是借钱的好习惯呢？"

我回答道："首先，当你向身边的人借钱的时候，无论你和他是什么样的关系，比如最好的朋友、最亲的兄弟姐妹，你都要主动写欠条给他。即使对方说不需要，你也要这样做。因为这样你们才能做到客观、理智。

"第二，只能在特别必要的时候借钱。千万不要养成一缺钱就借钱的习惯。遇到困难的时候，首先要尝试自己解决，否则可能会变得过于依赖别人。

"最后，也是最关键的，一定要在承诺的期限内还清欠下的债务。如果有什么意外情况不能按时还钱，记得提前向你的债权人表示歉意，并约定新的还款日期。"

本节提醒

借钱不是一件可耻的事，但是一定要让孩子懂得什么时候可以借钱，什么时候不可以借钱。无论向谁借钱，都要自觉立下借条。这不仅是一个规矩，而且是保护人情的一种手段。

教孩子做个自律又精明的债权人

某天，孩子兴冲冲地跑回家问我："妈妈，我们班里有个同学想找我借钱。他向我借100元，下星期就能还我，还说给我20元钱作为利息。"

我问："那你答应了吗？"孩子说："为什么不答应啊？我就是想拿我的银行卡取100元给他。妈妈，他说下周一定会还我。最重要的是，居然要给我20元利息。这多好啊，我以后就专门借钱给别人，如果每次都能赚20元，我的钱就会越来越多了。"

看着孩子津津有味地盘算着，我突然有些替他担心了，这样的钱怎么可以赚呢？这不就是高利贷吗？坚决不能让孩子有这样的想法。

于是，我很严肃地告诉孩子："你可以借给那位同学100元钱，让他写个借条给你，按照你们约定的时间还你100元。但是20元的利息你绝对不能要。"孩子疑惑地问："为什么不能要啊？妈妈你不是说借别人的钱，就要给别人利息作为报酬吗？"

"孩子，支付利息是很正常的，不过这个利息有一个范围。正常情况下，每天的利息应该小于1%，也就是说别人借了你100元钱，最多每天支付你1元钱的利息，这样才比较合理。如果借了你100元，7天就要支付给你20元的利息，这就属于高利贷了。”

“妈妈，什么是高利贷啊？”孩子问道。

“高利贷就是远远超过正常利率的一种借贷方式。一般来说，借给别人高利贷的人往往是希望通过借钱来赢利。而事实上，我们借给别人钱，主要是为了缓解别人的困难，并不是为了获取暴利。”我解释说。

“孩子，高利贷不仅是违反法律法规的，也是不符合道德规范的。尽管那位同学主动提出给你20元作为利息，你也应该拒绝他，更不能有依靠借钱来赚钱的想法。君子爱财，取之有道。从现在开始，你要牢记这句话。切莫为了蝇头小利丢了自己的品格。”

孩子恍然大悟，说今后不会有这样的想法了。我想，既然在孩子的日常生活中已经有借贷行为发生了，身为父母的我们就有义务告诉孩子一些借贷的原则，以便规范他们的行为，让他们成为自律的债权人。

“借贷是一件涉及多方切身利益的事情，为了保证借贷的顺利实施，就需要双方遵循一些原则。国际上普遍遵守6C原则，也就是：品格、信誉、能力、资本、抵押品和连续性这6项。其中品格和信誉放在了前两位。

“我们要不要借给一个人钱，首先要考察这个人的品格和信誉。我相信，常常说谎话、不守信用的人，很少有人借钱给他。另外，人的品行不端正，也会降低别人借钱给他的可能性。

“相反，我们要找人借钱的时候，也会考察对方的品行和信誉。如果对方言而无信，或者资金来源不正，我们也不会考虑向他借钱。

“另外，在借钱给别人的时候，我们通常会问对方借钱的原因。如果小朋友借钱是去上网玩游戏，或者买各种各样可有可无的东西时，我们会考虑不借给他。因为我们觉得他借钱的动机存在问题，既不是解决自己的困难，也不是急需。这就是说，我们要借钱给别人的时候，一定要知道对方的用途是否合理、合法。

“不过，很少有人向别人借钱的时候问‘你借给我的钱是从哪儿来的’。事实上这个问题也同等重要。如果别人借给你钱的时候，你得知这些钱是对方抢劫来的，你也不要接受。

“综上两点也就是说，无论是借钱给别人，还是借别人的钱，你都需要知道钱的来历和去向。当然，在别人还钱的时候，你也需要明白这些钱来历是否正当。不要和借款用途不明或虚构的人发生借贷关系，也不要接受来历不明的借款或还款。

“此外，在借钱之前，与对方约定还钱的方式和日期也是非常重要的。如果借给别人的钱比较多，就需要对方有担保人或者抵押。这样来说可以降低借贷的风险。例如著名的孟加拉乡村银行，它向穷人提供无抵押的贷款，但前提是需要5个家庭作为担保，这就叫‘5户联保’，只要贷款人失去信用，联保的5户人家都很难再借到钱。这种方式是建立在借贷人的信誉之上的。因此，当你和别人发生借贷关系的时候，有必要将这些问题都写在借条上，并严格按照借条上的规定去实施。

“最后，借贷的时候，一定要清楚自己是否具有按时还钱的能力，或者他人是否具有按时还钱的能力。如果能力有限，很可能借出去的钱就收不回来了。这种事时有发生，你爸爸曾经就借钱给了一位朋友，在借钱之前，这位朋友的品行没什么问题，信誉也比较高。爸爸和对方签了借条，严格规定了还钱的时间、方式和利率。但没有料到的是，在还钱期限到了的时候，对方不仅没有还钱，还人间蒸发了，最终这笔账成了死账，给爸爸造成了很大的损失。分析其原因，就在于当初你爸爸忽略了这个人的还钱能力，他借钱的金额远远超过了他的能力，导致他不能还钱，因此他只好选择逃避。

“所以，孩子，你要总结经验教训，牢记借贷的原则。同时，你要讲信用，有担当，不失信于人，也不逃避问题，做个自律的借贷人。”

本节提醒

信誉是一个人的财富。守信不仅是借贷的原则，也是做人的原则，是我们处世立身、成就事业的基石。孔子说：“富与贵，是人之所欲也，不以其道得之，不处也。”这就告诉我们，富贵是我们每个人都渴望的，但是用不正当的方式来获取，就不应该接受。金钱对我们充满诱惑，尽管如此，我们依然要保持自己的品行，不贪图别人的一分一毫。在借贷行为中，不要让私人情感冲昏了头脑。一个精明的借贷人，善于运用借贷的原则，保护自己的利益不受到损失。

分期付款，化整为零后孩子还款变轻松

大家是否还记得愚公移山的故事？

愚公移山是《列子·汤问》中记载的一则故事：从前，有个愚公家门前有两座大山，挡住了通往外面的道路。于是，愚公决心把山移平，把路开出来。别人都觉得他太愚蠢了。但是愚公带领家人开始行动起来，每天用畚箕把山上的土石背到其他地方。就这样日复一日年复一年，愚公的精神感动了玉帝，玉帝便命大力神的儿子将山移走了。

有人说，愚公真是个不知变通的人，如果山挡住了进出的道路，为什么不直接搬家呢？这可能还简单一些。

虽然这个故事一直备受争议，不过它也提供给了我们一种做事的精神和方式：只要有恒心，再困难的任务也能够完成；只要学会化大为小、化零为整，就没有撼动不了的高山。

我在此讲这个故事，是和孩子借钱有关。

赵先生的小侄女在他们家玩的时候，悄悄对赵先生说：“姑父，你可以想办法帮我借一些钱吗？”

赵先生有些疑惑，为什么这小家伙不首先找爸爸妈妈借钱，

反而找到他这个姑父呢?

于是，赵先生问了孩子缘由，孩子说：“我找过妈妈了，可是妈妈不借给我。”

听她这么说，赵先生更加好奇了。

继续问她：“你借钱干什么？是不是买零食啊，所以妈妈不借给你？”

小侄女赶忙解释：“才不是，我想买部手风琴。”

“手风琴？你不是在学美术吗？怎么又要学手风琴呢？”

“美术也要学习啊，可是，我还喜欢手风琴。”她解释说：“爸爸妈妈要我自己买。不过我的钱不够，我想找爸爸妈妈借，他们拒绝了。”

赵先生问：“那他们为什么不借给你呢？”小侄女说：“因为我要借很多。嗯，好几百块，妈妈问我什么时候能还，我说估计还不了，所以妈妈就不借给我了。”

赵先生觉得这钱其实是能借的。帮小侄女分析之后，他对侄女说：“孩子，其实你找妈妈借几百块钱是可以还清的，你怎么对自己没有信心呢？”小侄女疑惑地看着赵先生。于是，赵先生开始解释给她听：“假如你找妈妈借了300元钱，你现在每天有5元零花钱，你可以从中节省2元钱。一天2元，一个月就是60元，5个月就有300元了。你可以争取5个月还给妈妈。你瞧，3个月后你刚好过生日，到时候可能会收到红包，这样，你便可以提前还钱给妈妈了。”

小侄女说：“可是万一我还没存够钱，又用出去了怎么办呢?”

这的确是个问题，小孩子很难保证长达5个月每天存2元不出任何意外。如果一直存不够钱，她就得一直背着债务。于是，赵先生又对孩子说："如果你很难保证每天存2元，并一次性还清妈妈的钱。你就可以采取第二种方案：每天早上，从自己的零花钱中主动拿出1元钱交给妈妈。这种方式对你来说很容易实现，等10个月之后，你欠下的'巨额债务'就在不知不觉中还清了。"

听了我这个方法之后，小侄女再次找她的爸爸妈妈借钱。这回爸爸妈妈果然借给了她，她如愿以偿地买到了手风琴。

赵先生教孩子的这种方式就叫作分期付款，也就是愚公移山的道理：化大为小、化整为零。因为让一个孩子一次性还清300元几乎是不可能的。但是，如果把这300元分成300个1元，并让她每次还1元钱，她就能很容易做到。

根据百科全书上的解释，分期付款是第二次世界大战之后产生的，在国外流行后被引进到中国。它是购买商品和劳务的一种付款方式，并且大多用在一些生产周期长、成本费用高的产品交易上。

例如，我们要购买房子，一套房子的价格为100万元，我们现在只有20万，要一次性付款购买房子是不可能的。所以，我们可以采取分期付款的方式，先支付10多万的首付费用，然后每个月支付1000多元。这样一来，我们不仅可以轻轻松松支付剩余的房款，还可以提前享受有房的日子。

现在，分期付款已经广泛应用在了大型机械设备、原材料、房地产上，还有我们的日常生活用品上。例如手机、相机、电脑等数码产品，甚至旅游也可以分期付款。

当我们承担的债务较大时，分期付款就具有了明显的优势：

第一，我们每一次需要支付的金额远远小于一次性支付需要的金额，这样就大大减小了还款的压力。

第二，分期付款的期限比较长，一旦我们中途发现购买的物品或服务有什么问题的时候，我们就可以停止付款，及时止住损失、减小风险。

不过，需要注意的是，在爸爸妈妈这里进行分期付款是不会收取其他费用的，但是在银行、商场等地方进行分期付款，就要向对方支付额外的费用。这些费用就是别人为你提供了方便，你需要支付利息作为报酬。这样一来，比如你借了100元，一次性还款你可能只需要还100元或加些利息101元，但是选择分期付款，你可能需要支付102元。

所以，要让孩子记住分期付款这种方式，但不要轻易使用它。孩子们必须明白使用这种方式所要付出的代价，在自己完全有能力一次性支付的时候使用分期付款的方式，反而会给自己带来损失和麻烦。

本节提醒

分期付款是一种风险小、压力小的支付方式。当孩子难以承受巨额的债务时，可以考虑使用这种方式，一点一点还清债务。分期付款最神奇的功能就是：一项巨额的开支，我们可以在不知不觉中付清它。这就是积累的力量，孩子要善于利用这种思维方式解决生活中的问题。

妈妈有张永远刷不爆的信用卡

你的孩子是否幻想过自己能拥有一个聚宝盆，无论怎么花，钱总会源源不断地再变出来……现实生活中哪儿有什么聚宝盆，我们要提防这种思想误导孩子。吃不穷，穿不穷，不会计划一辈子都穷。钱要计划着用，否则它总有竭尽的时候。

曾经我的孩子就以为我的信用卡是一张聚宝盆一样的特殊银行卡，可以随便用，怎么都用不完。我告诉孩子："信用卡是银行颁发的，但是它和银行卡有所差别。它是一种特殊的银行卡，具有支付和透支的功能。我们没有在卡里存钱的时候，也可以用它来买东西，因为银行会暂时为我们支付。另外，使用信用卡买东西不仅安全、方便，还可能获得积分。当积分到一定数额的时候，就可以参加很多的优惠活动。有时候，我们用信用卡还可以打折。"

孩子可能会疑惑，用信用卡买东西，是银行在支付啊？那就是说不用我们付钱了？就像聚宝盆一样，钱总是用不完。银行当然不是真的帮我们支付，只是暂时借给我们钱帮我们支付，事后这些钱都要还上的。一般情况下，每个月10号就要还信用卡账，借了银行多少，必须一分不少地还给银行。如果超过了规定的还款期限没能还款，不仅要交滞纳金，还会被扣除信用值。

那么，信用值又是什么呢？有什么作用呢？

我们之所以把这种卡称之为“信用卡”，就是建立在银行和客户的信任之上的。银行会在客户有需要的时候提前预支钱给客户，客户也必须在约定的还款期限内还银行的钱。在办理信用卡的时候，银行会为每个客户办理信用档案，如果你经常没有按时还钱，很可能会上银行的黑名单。一旦上了黑名单，3个月你还没还钱，就会受到银行的警告。6个月没有还钱，银行就会把你告上法庭。你的信用档案有不良信息后，今后不会有哪家银行会为你办理信用卡，也不会为你办理贷款业务。

为了让孩子更清楚地了解信用卡，我们可以自制一张信用卡发给孩子。家长就扮演银行角色，并且与孩子规定透支的上限和还钱的日期。请看下面这个案例。

李先生是某银行的投资顾问，一天，他发给孩子一张手工制作的信用卡，上面有孩子喜欢的灰太狼图像。李先生对孩子说：“尊敬的客户，从这个月1号开始，这就是你的信用卡了。你可以在我这儿透支消费，但是不能取款。你的透支上限为100元。当你使用信用卡进行消费的时候，我绝对不会干涉你。但是你要记住，你的还款日期为每个月1号到5号。如果逾期不还，你就要每天支付我1元钱滞纳金，直到你还清信用卡为止。”

然后李先生拿出一个小册子，写上孩子的名字，并告诉他：“这就是你的信用账户。现在有3分，当你不能还钱的时候，我就会在你的信用账户上扣1分。当你的信用值为0的时候，我就会收回信用卡，扣你3天零用钱，并不再借钱给你。你同意吗？如果同意，在这里签上你的名字。”

孩子也有模有样地说：“同意！”然后在信用账户上签上了自己的名字。

从那天开始，孩子每天都把信用卡带在身上。一副得意洋洋的样子，想买什么东西了就拉着李先生去商店，选中一样商品，向李先生展示一下信用卡，李先生就帮他支付。他有时会买零食、玩具，偶尔也会放弃坐公交选择打的，李先生都没有制止，因为他承诺过，在孩子使用信用卡消费的时候不会干涉他。

头一回使用信用卡，孩子倒是用得很爽快，完全不按计划消费。很快，孩子花光了信用卡的100元钱，可是还没有到一个月，剩下的日子他不能再透支消费了。到了次月1号，孩子垂着头来找李先生：“爸爸，可不可以宽限几天啊？信用卡的钱我一定会还上的。”李先生故作淡定地说：“尊敬的客户，别着急，你的还款期还有几天，到5号才是最后的期限。”李先生猜到孩子肯定还不上这消费的金额了，只是还没到让他承担后果的时候。

到了第5天，孩子依旧没有还上信用卡上的钱。李先生说：“亲爱的客户，今天是最后一天了，你该还钱了，否则你的信用值将被扣掉1分。”这时候孩子着急了：“爸爸，我不是客户，我是你的儿子。爸爸，求求你，这次不要扣我的分好不好？我第一次使用信用卡，还不习惯。我们重新来好不好。”“孩子，这怎么行？当你去银行办理信用卡之后，你能叫银行把你欠下的债清零再重新来一次吗？这当然是不允许的。所以，在爸爸这里也是不允许的。”

想想上一个月孩子使用信用卡时出现的问题，李先生接着说："孩子，使用信用卡的时候，你是否觉得用的并不是自己的钱？所以你很浪费，一些不该买的东西你也要买。你几乎忘记了爸爸之前教你的合理消费。你的这种行为让爸爸很吃惊，也让爸爸很担心。希望你能总结教训，合理地使用信用卡，不要让信用卡把你变成购物狂。另外，信用卡是你要求办的，游戏还得继续。现在我会在你的信用账户上扣除1分，如果下个月你能还清信用卡中的钱，我就把这1分加上去，你看怎么样？"

孩子点了点头，信用卡的游戏继续。

让李先生惊讶的是，第二个月孩子只用信用卡消费了两次。第一次是去医院看望一个生病的同学，买了一份小礼物。第二次是上学快迟到了，打了一回车。更让李先生惊讶的是，在还款期限内，孩子还上了这个月信用卡透支的金额。当然，李先生也遵守承诺，在他的信用值上加了1分。看到孩子有这样的进步，李先生很高兴。

本节提醒

这个世界上没有永远用不完的财富，只有当我们学会怎么更好地花钱时，财富才会源源不断。当孩子开始羡慕信用卡的时候，我们就可以尝试让他们拥有信用卡。经过孩子亲自尝试，他们才会知道，信用卡是把双刃剑，可以带来便利，也可以令人陷入困境。信用是一项宝贵的财富，切莫为了一点儿眼前的利益，失信于人。当一个人失去信用的时候，就不会再得到别人的帮助了。

别小看孩子，贷款这件事他们懂

周末，难得一大家子都有空，我们带着孩子一起去看望奶奶。

这天奶奶家里好不热闹，哥哥姐姐都带着孩子回来了。这些小家伙最大的8岁，最小的才2岁。奶奶一下子见到了5个孙子，开心得不得了。

晚饭后，我们问孩子们：“你们有什么理想啊？”

这是个很传统的话题，几乎所有的父母、师长都会问孩子。记得小时候，有人问起我的理想时，我会毫不犹豫地说：“我要当科学家。”也不知道为什么，那个时候“当科学家”是绝大多数小孩的理想。到了后来，有的做了老板，有的做了企业员工，有的当了兵……而只有极少数真的做了科学家。

那天，当我们问起孩子们这个问题的时候，他们的回答各式各样，不再像我们以前那么整齐划一了。

有的说：“我要当明星，我要有很多很多的粉丝。”

有的说：“我要当宇航员，我要到月球上去。”

侄儿牛牛说：“我要当一个快乐的单身汉。”牛牛的回答把我们都逗乐了，我们好奇地问：“别人都当了明星、宇航员，牛牛怎么想着当快乐的单身汉呢？”

牛牛理直气壮地说：“我决定了，我就是要当快乐的单身汉。因为妈妈常说，牛牛如果赚不到钱，就娶不到老婆。弟弟妹妹都有银行卡，就牛牛没有，我肯定没钱，以后就娶不到老婆了。”

我鼓励说：“牛牛，现在没有钱不代表以后没有啊，你努力不就能赚到钱了吗？”牛牛说：“那是什么时候呢？”姐姐笑话牛牛说：“等你赚到钱了，估计老婆也没了，还是要当单身汉。”

牛牛听了这话，低着头吭声。我安慰说：“牛牛，你可以贷款啊。只要你今后有钱还，你就可以先贷款娶老婆。”

听我谈到贷款，孩子们都好奇了，他们迫不及待地想知道什么是贷款。我说：“贷款就是从别的地方借钱，比如银行，然后你可以用于消费或者投资。”

“噢，我懂了，贷款就是拿银行的钱自己花是不是？”牛牛说。

如果贷款是拿银行的钱自已花，那不是就乱套了吗？于是，我又解释道：“当然不是，贷款是有条件和规则的，是一种借款方式。一般来说，个人贷款的数额不能过大，宜从小到大慢慢升级；在申请贷款的时候，需要有效的质押、抵押和第三方担保，有效抵押包括动产抵押和不动产抵押。比如说我们的房子、车子、金银珠宝都可以作为抵押。当我们无力还钱的时候，这些抵押品就会交给银行抵消债务。

“另外，贷款按照时间的长短，可以分为短期贷款、中期贷款和长期贷款。短期贷款是指1年以内的贷款；中期是指1年以上5年以内的贷款，长期贷款是指5年以上的贷款。当然，我们从银行借钱是需要支付利息的。贷款的利率一般高于存款的利率。”

孩子想了想说："那贷款是不是和信用卡一样？"

我回答道："这两者有明显的差别。第一，信用卡有免息还款期，在这个期限内还钱给银行是不需要支付利息的。第二，信用卡在办理的时候需要提供身份和收入证明，但是在每次透支消费的时候，都不需要提供抵押或担保，钱怎么用也不需要告知银行；但是如果向银行贷款，就必须明确告知款项的使用状况。第三，信用卡是不能直接取现的，还款的周期很短。"

我顿了顿，接着说："所以，如果要贷款，就必须有一定的财产作为抵押。同时，你们是贷款消费，还是贷款投资都需要告知银行，银行审核通过之后，才会借钱给你们。"

"姨妈，那我们怎么去贷款呢？需要准备些什么吗？"最大的外甥问我。虽然他只有8岁，几乎没有贷款的可能性，不过现在告知他们贷款的流程，让他们多认识一些金融知识也不错。

我回答说："如果今后你们要去银行贷款，首先，要向银行提出贷款申请，其中包括抵押的财产报告。当银行受理之后，就会对用于抵押的财产进行评估，并根据评估值核定贷款金额。例如，我们用房产抵押，银行评估房产价值为50万元，那么我们的贷款金额一般不能超过50万元。财产审核之后，就可以签订贷款合同，办理财产抵押登记。然后，银行就会发放贷款了。最后，贷款的手续比较复杂，办理的时间长，办理成功的难度也比较大，而且贷款是一定需要自己的财产作抵押的，所以是否需要贷款需谨慎考虑。"

本节提醒

借款是金融业务中很重要的一部分，在对孩子进行财商教育的时候，不仅要让他们知道怎么赚钱、存钱，也要让他们明白怎么花钱、借钱。

让孩子了解各种借钱的方式，并不是支持孩子依赖于借钱。借钱只能当作资金周转困难时的权宜之计。只有合理、成熟、明智的借贷行为，才能成为一种较好的理财手段，促进个人的发展。

第五章

投资账户，让孩子在付出中收获回报

家有小掌柜

对孩子进行投资教育最早开始于欧美，现在全球都很流行。越来越多的父母认识到理财教育不仅包括消费、储蓄习惯的培养，还包括投资能力的培养。随着经济周期性地衰退和增长，投资教育的重要性越来越突出。

我曾经问一位朋友：投资是什么？他回答说：投资就是用自己已有的价值去博取更大的价值，可能会成功，也可能遭受损失。这是一种风险与收益相关的活动，不过意义非凡。的确，绝大多数家长都明白投资活动的必要性，可是，我们要怎么告诉孩子什么是投资呢？对于六七岁的孩子来说，他们又能理解多少？

如果现在你的孩子问你："什么是投资？什么是保险？什么是股票？什么是债券？……"你可能会条件反射似的回答他们："小孩子懂什么！"

是的，在我们的意识中，投资是成年人的事，与孩子无关。但我们可能忽略了一个事实：孩子的成长过程就是逐渐从不懂到懂的过程。不是每个人生下来就知道什么是投资，怎么炒股票。他们有什么样的认知，取决于我们怎么样去教导。当我们说出

"小孩子懂什么"这句话时，其实已经扼杀了孩子的求知欲。而投资教育的前提，是不要小看孩子。

此外，在孩子发展的不同时期，不同的行为会在他们的生活中起主导作用，这就要求我们根据孩子的发展阶段采取合适的教育方法。例如，3–6岁的孩子，游戏在他们的生活中起着主导作用。我们不难发现，这个年龄段的孩子总是用一种游戏的态度去面对任何事情，包括吃饭、睡觉。作为家长的我们也常常用讲故事、角色扮演的方式与孩子交流。我们会发现，在游戏中，孩子会更容易和主动地获得新的知识和技巧。

教孩子投资也可以从游戏开始。例如和孩子玩角色扮演的投资游戏，游戏开始时先分配角色：掌柜、消费者。在分配角色的时候，我们可以有意识地让孩子扮演掌柜的角色。

当然，事先必须让孩子明白，什么是掌柜，他要干些什么。简单地说，掌柜就是老板，在游戏中，掌柜可以在客厅中选择一个位置作为自己的商店，然后拿出一些东西作为商品摆放在自己的商店中，当消费者来到商店的时候，掌柜可以向消费者推荐自己的商品，并以合理的价格卖给消费者。例如，如果消费者需要一块橡皮擦，橡皮擦的成本价为2元钱，掌柜可以将这块橡皮擦用2～3元的价格卖给消费者。必须注意的是：卖出的价格不能太低，不然会亏本，也不能太高，否则消费者不愿意买。游戏结束后，掌柜用收到的钱减去商品的成本，就能计算出到底赚了多少钱了。

以我们一家三口玩角色扮演的投资游戏为例。游戏开始了，孩子坐在沙发上，把自己的小物品都整齐地摆放在茶几上，有漫画书、彩色笔、游戏牌、小汽车模型、橡皮泥等，并用纸写了四个字“我的商店”放在前面。这个时候我们就扮演消费者出现在他的店里，看看我们需要什么“商品”，然后询问他价格。当孩子说：“游戏牌10元钱。”我就问他：“掌柜，能少点儿吗？”孩子像模像样地说：“那就9元钱卖给你吧。”于是，我们将制作的模拟纸币交给孩子，就这样，第一笔交易成交了。

反复进行模拟交易，孩子很快掌握了游戏规则，这时我们将游戏进行了升级，游戏的角色变为：两个掌柜，一个消费者。除了孩子之外，家庭中的另一个成员也变成掌柜。市场是有竞争的，一定要让孩子认识到消费者不是他一个人的，还有很多和他一样的掌柜在分享。

在新一轮的游戏中，孩子依然是掌柜。此时，父亲将扮演另一位掌柜，并在孩子的旁边开一家新的商店，也把自己的商品拿出来销售。掌柜是否能赚到钱，就要看谁家的商品更有吸引力、服务更好了。

前几次，消费者故意不购买“我的商店”中的商品，孩子发现自己的物品卖不出去，撅着嘴显得有些不高兴了。让我们惊讶的是，他并没有气馁，在新开始的游戏中，孩子居然想出了“买一送一”的方法，以此吸引消费者的注意力。虽然这样算来，并不能赢利，不过为了鼓励孩子创新的行为，作为消费者的我还是积极地在“我的商店”中进行了消费。

类似角色扮演的投资游戏可以根据实际的情况不断升级。例如，游戏中添加“供应商”的角色，掌柜可以到供应商处“进货”，这样能帮助孩子更准确地掌握商品的成本。此外，还可以设置“店员”的角色，作为掌柜的帮手，帮掌柜推销产品，管理货物。当掌柜的财富积累到一定程度的时候，可以开一家分店，当然也可以升级为供应商。

游戏的设置是灵活多变的，游戏的规则也可以根据孩子的接受能力适当调整。如果你也对这种寓教于乐的方式感兴趣，不妨尝试一下。

本节提醒

皮亚杰的研究表明：任何形式的心理活动最初总是在游戏中进行的。对孩子来说，游戏就是学习，游戏就是他们认识世界的最好途径。与其运用讲授式的教育，不如多花些时间，满怀童真，陪孩子做些投资游戏。

当然，投资的目的并不是让孩子局限于眼前的利益，而是要让孩子看到未来的收益。这种收益包括资源上的收益，也包括能力和技术上的收益。在教孩子投资的同时，要让孩子具有风险意识。投资一定伴随着风险，不能让孩子生活在只有赢没有输的世界里。面对风险，有勇气承担风险，最后能有效地控制风险，这是投资教育中的必修课。

家庭金融课堂：教孩子玩转股票和基金定投

2009年，媒体报道了一位大学教授教8岁的儿子炒股票、做权证，一时间成为舆论的焦点。

有些家长激烈反对说："一个8岁的孩子怎么能和股票、权证这样的投资产品扯上关系呢？这位教授的教育方式难免有些出格，这么小就让孩子往钱眼里钻，这不是拜金、急功近利吗？"

这是个价值多元化的社会，永远不会出现一边倒的情况，有人反对，当然也有人支持。

其实教8岁的孩子炒股票到底应不应该，并不是是非对错的问题，而是观念转变的问题。因为大多数人接受"视金钱如粪土"的传统思想教育，争取财富的行为并不是主流价值观大力推行的。在传统教育中，我们更重礼教。其实，关于投资理财的教育已经在全球流行开了，只是在中国还较落后。

其实，教孩子炒股票没什么不好，教孩子从小就学会争取财富也并不可耻。关键是教育的方法，好的方法既不会显得急功近利，又可以让孩子真正掌握这些知识。

刚刚进入学龄期的孩子可能会有疑问：股票是什么？

首先，要让孩子明白炒股到底是怎么一回事。股市并不像菜市场可以看到的实物交换。股市是一个看不见的市场，都是通过股票价格的涨跌来获得收益。我们所说的炒股就是向证券商购买股票。股票并不是实物，而是一种虚拟的票据，我们购买某支股票，就证明我们将资金融入到该公司。而我们卖出股票，并不是把股份还给了公司，而是把股份转让给了下一位投资者。

结合前期我们教孩子做的投资游戏，在这里，证券商相当于物品的供应商，我们从他手中购买了物品（股票）；其他的股票投资者可看作消费者，我们可以把手中的物品（股票）卖给他们。当然，如果我们卖给别人的价格高于我们“进货”的价格，就可以获取收益；如果我们卖给别人的价格低于“进货”价格，就产生了亏损。

那么，我们是怎么通过股票赚钱的呢？打个比方来说，甲是股份公司，他现在有100份产品在某个市场上出售，每份1元钱，此时乙用100元买走了这100份产品。随后，甲生产的产品大受欢迎，价格也随之增长。从前1元的卖价涨到了2元。这个时候，乙手中的100份产品的价格就涨到200元了。此时，丙想在这个市场上购买该产品，于是乙以2元每份的价格卖给了丙100份。在这次买卖中，乙就赚了100元。

这就是股票低买高卖，从中获取价格差的原理。

人们购买股票主要是通过价格上涨而获利，但并不全是依靠价格来获利。股票的赢利还来源于红利和股息。简单地说，红利和股息就是股份公司回馈股民的方式。当股份公司的盈利有所增长，或受到政策扶持，公司能获得较好的发展时，就会派发红利，或者赠送股票给它的投资者。

例如，每10股送3股，还每股派现1元。也就是说我们手中的股票，每满10股，就会额外赠送给我们3股。如果我们有100股，就送30股，1000股就送300股，以此类推。除此之外，还每股送给我们现金1元，100股就送100元，1000股就送1000元，以此类推。

给孩子讲述了这些常识之后，还要让他明白，炒股是一项风险投资，股票的价格不是人为可以控制的，也不是可以讨价还价的。

所以，炒股并不是一定能赚钱，还可能赔钱。因为影响股票价格走势的因素有很多，包括全球的经济走向、宏观的经济和政治制度、行业的发展前景、市场的需求变化、公司的赢利水平以及投资者的心态等。所以，选择股票的时候，就要全面分析这些情况，然后在合适的时候买进。比起买入股票，什么时候卖出股票更需要深思熟虑。所谓会买股是徒弟，会卖股才是师父。

对于六七岁的孩子来说，股票投资还是个新鲜事物，但也不是完全学不会的。为了让孩子更好地理解炒股，我们可以制作一副股票棋。这幅棋允许四个玩家同时参与，用投色子的方式决定前进的步数。当然，每一步都可能遇到不同的情境。

游戏之前，每位玩家都可以得到一定数额的模拟钱币，大家可以根据不同的场景来使用这些钱币，最后看看谁剩下的钱币最多。例如：走到某一步的时候，就可以在10种股票中任意购买一支，并付出相应的钱币。不过，购买哪一支股票就需要谨慎了，因为在后面的行进中，这支股票的价格很可能会下跌，那么持有者的钱币就会减少；如果这只股票的价格上涨了，我们的钱币就会变多。

在游戏棋中还可以设置一些特殊的场景。例如，某一步规定股票休市两天，那么走到这一步的玩家就会失去两轮掷色子的机会；某一步可能会奖励给玩家现金或者股票；某一步可能会发给玩家一张“ST卡”，如果连续领到3张“ST卡”，玩家手中的所有股票就会作废，钱币也会损失惨重。当然，玩家也有机会获得“发行卡”，这样玩家可以自己发行一种股票，其他玩家购买股票的时候就可以多一种选择了。游戏结束时，将手中的股票兑换成钱币，获得钱币最多的玩家获胜。

股票棋虽然是模拟的股票操作，但是能帮助孩子提高对炒股的认识。我们的目的并不是让孩子通过炒股赚多少钱，而是让他掌握股市的规则和炒股的技巧，在这个层面上，目标已经达到了。

对股票有所了解之后，孩子可能会对其他的投资产品产生兴趣，比如基金。那么，基金又是什么呢?

基金定投其实就相当于把自己的钱交给更有经验和能力的机构或者基金经理，委托他们帮我们赚钱。那么，他们用这些钱可以投资股票、投资期货、投资房产……无论用什么方式，基金公司或者基金经理都会努力获得更多的利益。

比如大家比较熟悉的明星基金经理人王亚伟，曾被称为公募基金第一人。他对中国投资市场的影响很大，他进行的投资活动一般会受到很多投资者的追捧。甚至很多人认为，只要跟着王亚伟，就能稳赚不赔。

我们可以专门设立一项“家庭投资基金”帮助孩子理解这种产品。比如只要孩子购买了10份这项基金，每月1号，他就必须交给我们10元钱。这些钱将由“基金经理”爸爸进行他的投资。如果爸爸的投资赢利了，那么这项家庭投资基金的净值（也就是价格）就会上涨，这也意味着孩子购买的基金增值了，他可以从中获取利润。

本节提醒

股票是一种投资，而不是投机。我们教孩子买卖股票，是为了让他掌握一种投资技巧，学会一种分析方式，而不是让孩子急功近利，过于追求利益。

ST股票代表“特殊处理”的股票，是针对那些出现财务状况或其他异常状况的股票的，意在提醒投资者存在亏损的风险。如果某股份公司连续3年亏损，该公司的股票就有退市的风险，所以在游戏中，如果领到了3张ST卡，手中的股票就一文不值了。

基金是一种懒人投资方式，但是这种方式并不是不劳而获，也不是完全的一劳永逸，没有付出就没有回报，定投基金同样需要付出智慧。定投基金是指在固定的时间（例如每个月1号），以固定的金额（例如5000元）投资到指定的开放式基金中，类似于银行的零存整取。只要学会选择一支基金，就可以长期持有，等待收益了。

购买保险，孩子最好从“小”做起

对于5—7岁的儿童来说，我们建议做保险方面的投资。因为保险需要的本金比较小，风险也小，不仅可以赢利，还可以获取一定的保障功能。不过，保险到底是什么？

随着社会经济的高速发展，我们的生活水平不断提高。在生活水平提高的同时，需要面对的风险也越来越多，这就催生了保险产业的发展。如今的保险不仅仅为人们的生活保驾护航，降低风险，提高人们的生活质量，更重要的是，保险在保障功能之外，还有赢利的功能。我们买保险，不仅买的是承诺、安心，也买的是发展、积累。

不管去哪家保险公司，我们都会发现，保险的品种越来越齐全，几乎囊括了任何年龄段。那么，什么样的保险才是最适合孩子的呢？

首先，从险种上来看，单一的意外保险、医疗保险、教育保险等，已经逐渐被全能型的保险替代。同时，与保障型的保险相比，分红型的保险更具优势。从投资的角度来看，孩子可以购买全能型的分红型保险。

其次，要让孩子清楚他们现在有多少财富，需要投资多少，能赚到多少？每个投资者都需要了解自己的投入与回报状况。例如，孩子银行卡上只有6000元，那么我们所买的保险成本应该小于6000元。所以，我们需要教他从成本较小的险种中选择收益最大的。

最后，保险是越早买越划算。多数保险是孩子年龄越小，投入就越少，获利的时间就越长。例如，一个1岁的孩子购买10万保额的保险仅需要1500元，但是一个30岁的成年人购买此保险就需要4000元左右。

例如，孩子拿出自己的5000元压岁钱，买了5份少儿两全型分红型保险。这份保险的优点是返还快，隔一年返一次，至满期；领取比例高，三成年交返给你；满期返保费，保本安心；生命保障高，意外赔付享双倍；还可分红。

从现在开始，孩子买5份，每年缴纳5000元，只需要交费10年。也就是说，在未来的10年里，如果不出意外，他刚好可以用每年的压岁钱缴纳保险。随后，孩子每隔一年，就可以领取返回金1500元，直到他75岁。当75岁满期之后，还可以返回给他5万元保险金。当然，这份保单也能保障孩子的意外伤害。当孩子遭受意外伤害的时候，能获取7万元的意外保险金。

缴纳10年保险，就可一生受益，这种保险就比较适合孩子。每年不需要缴纳太多保金，就能享受不错的收益，同时对孩子还有很好的保障作用。

购买保险作为孩子的第一次投资时，孩子需要在父母的引导下进行。保险中也可能存在陷阱，所以我们在教孩子购买保险的时候一定要注意以下三个方面。

第一，保金不要过高。要知道，教孩子买保险并不是我们买保险。投资的成本是由孩子出，而不是我们出。然而，孩子目前拥有的财富是有限的，要保证每年都能用自己的钱缴纳保金，就必须把金额控制在较低的范围内。比如我的孩子，正常情况下，每年能获取5000元以上的压岁钱。所以，孩子可以选择5000元每年的保金，这样他自己就能应付。

第二，保险的期限不能太长。随着孩子年龄的增长，他的消费也会不断地增长。如果保期太长，可能很难保证能够连续不断地缴纳保金。如果保期太长，一直要缴纳到18岁之后，那么很可能出现的状况是，孩子不再拥有压岁钱，但同时孩子并未工作，没有其他收入。这样的话，就可能影响到保险的缴纳。

最后，在购买保险的同时，还要记得购买附加险。这样一来，当由于某些原因孩子无力继续缴纳保金时，他所购买的保险也是继续有效的。

本节提醒

保险是一项长期的投资，中途不能转送他人，因此购买保险时一定要掌握技巧：1.请专业可靠的代理人帮助孩子购买保险。所谓隔行如隔山，如果家长并不是从事保险行业的，可以请保险经理协助孩子选择险种。2.学会货比三家。教孩子购买保险时不要操之过急，同一种保险在不同的保险公司，可能在缴费、保障范围、领取、赔偿等方面存在差异。因此购买保险时可以多参考几家公司，选择最优的方案。3.购买保险时必须认真阅读保险条款中的保险责任和责任免除条件这两大部分。如果有不明白的地方，一定要咨询专业人员，否则可能陷入条款陷阱。

让孩子拜金，不如让他参与网上炒黄金

我家孩子四五岁的时候，喜欢玩一款冒险游戏。在游戏中主人翁需要选择不同的场景，然后选择工具挖黄金，在挖黄金的同时会出现一些小怪物来干扰主人翁，主人翁必须消灭了这些小怪兽才能继续挖黄金，获取更多的金币。

无论是在游戏中，还是在现实中，黄金都是一种极具吸引力的东西，因为它具有特殊的价值。

黄金是永久性货币，当经济不景气甚至出现通货膨胀的时候，很多人会选择将纸币兑换成黄金，从而保证自己的财富不至于大量流失。

比起其他的投资产品，黄金具备明显的优点，更适合刚刚接触到投资产品的学龄期儿童。第一，黄金投资费用简单，并不像股票一样，有各种费用和印花税。黄金号称税项最少的投资产品，不仅启动资金很低，手续费也很低。

第二，黄金是全球性的市场，不存在庄家，更不可能被个人或机构操控。相对于股票市场来说，更加安全，更加透明。

第三，黄金的交易时间长。股票的交易时间很短暂，在中

国，A股交易时间只有4个小时。而黄金的交易时间是相当长的，几乎24小时无间断，随时都可以进行交易。

第四，黄金的交易方式非常灵活，既可以做多、买涨，又可以做空、买跌（纸黄金除外）。既可以做超短线，一天交易数次，又可以做中长线。它采取的是T（Trade，交易）+D（Delay，延期）的交易模式（当时买进，当时就可以卖出，不需要有间隔时间），对交易时间和交易次数没有要求。

总之，黄金作为投资产品，风险极小，交易简单，很适合初学者。尤其在孩子刚开始学习投资的时候，可以考虑选择它。

举个例子，如果孩子在银行投资了“黄金宝”，买10克纸黄金，需要投资成本3000多元。那么所购买的这10克纸黄金是怎么赢利呢？

假如某一个时间段，纸黄金的银行买入价为300元，而卖出价为302元，我们立刻买入，也就是银行以其卖出价302元卖给我们，所以成交价格就是302元每克，10克纸黄金需要3020元。

过了一段时间，受国际金价的影响，银行的买入价变为306元，卖出价变成308元。此时，我们卖出纸黄金，也就是银行以买价买回我们手中的纸黄金，则成交价格为306元每克，我们能换回3060元。这样一买一卖，我们就从中获得了40元的利润。

而这样的交易，每天可以进行很多次。如果能成功地掌握买卖价格的起伏规律，就可以从中获得差价利润。

在教孩子参与黄金交易的初期，先不要贸然让孩子参与到真实的交易中，我们可以通过黄金交易的软件，让孩子熟悉模拟交易。这种交易像游戏一样，不涉及真正的金钱，而是由系统赠送模拟的金额，我们用模拟的金额去购买纸黄金，整个交易既安全，又逼真。通过长期的训练，当孩子掌握了交易的规则和技巧时，我们就可以让他转入到真实的市场上，进行一些小额的交易了。

本节提醒

金融危机越严重，黄金市场就越火爆。投资黄金不仅能抵挡通货膨胀，还能获得利润。个人投资黄金的方式主要有两种：一种是购买实物黄金。例如金条、金牌。另一种是交易纸黄金。就是通过票面价值反映盈亏，但是不能提取实物黄金。由于黄金价格不菲，投资实物黄金需要的本金比较大。所以，对于一般家庭来说，选择网上纸黄金交易的比较多。

纸黄金是黄金的纸上交易，是一种持有黄金的票据凭证。在中国境内，纸黄金产品主要是由中国银行、建设银行、工商银行、交通银行以及一些商业银行所提供的。纸黄金也分几种类型，例如中国银行的“黄金宝”、工商银行的“金家行”，建设银行的“账户金”。客户需要开立“黄金存折账户”，所有的交易都会记录在这个存折账户上。纸黄金的交易与股票交易有些相似，都是通过价格的涨跌来计算盈亏的。黄金是风险较小、成本较低、操作较为简单的投资产品。

教孩子参与到网上黄金交易中，可以让孩子接触到更多的时事新闻，从而了解市场行情。

当然，黄金作为一种金融的衍生品，也存在着局限性。特别是当我们的成本较小的时候，不可把黄金看成是赚钱的工具。不过，黄金能较好地中和各项投资的风险和利润。

爸爸妈妈，我想知道债券是什么

自从认识了股票之后，孩子就主动学习了很多有关股票的知识。某天，他问我："妈妈，为什么有人说买股票就是买债券呢？债券到底是什么东西？"

于是，我对孩子说："债券和股票有些相似，但是我们不能说买股票就等于买债券。在我们的日常生活中，接触到最多的投资产品是股票和基金，投资债券的相对较少。不过。在爸爸妈妈小时候，债券市场还是比较火热的。比如，外婆以前就投资了三峡工程的国债，那个时候有不少人因为投资国债获得了收益。"

孩子又问："妈妈，是不是现在已经没有人投资债券呢？债券不能赚钱了吗？"

我回答道："债券投资在我们国家只发展了数十年，还没有形成成熟的市场。债券的管理机制和风险规避机制也不完善，所以债券投资冷淡了几年。不过，从2008年开始，金融市场就出现了不景气的现象，而且这种不景气愈演愈烈，导致股票市场的不确定性越来越高。这个时候，债券已经默默地发展了几年，各方面都逐步走向成熟，于是债券市场又重新火热了起来。"

看着孩子依然迷惑的眼神，我接着解释道："说了这么多，你可能还不清楚债券到底是什么。那么，接下来，妈妈举个例子告诉你。比如，当我们缺钱的时候，就会向身边的朋友借钱，并立下借据作为凭证，有时候还会向对方支付利息。那么，对方持有的借据就可以当成'债券'。同样的道理，当政府机关、银行等金融机构需要钱的时候，或者当企业在资金周转不灵的时候，就会向社会大众借钱，并立下借据（即债券），规定偿还本金的时间，同时规定向我们所支付的利息金额。

"但是，政府、金融机构或企业的债券与我们日常生活中的借据还是存在差异的。首先，债券具有很强的法律效应。一旦购买债券之后，就正式成立了债务关系，债权人的权利与义务是受到法律保护的。其次，可转换债券与股票有些相似，它可以在市场中流通。债券具有票面价值，随着不断地买卖、转让实现价值涨跌。第三，债券的风险极小，其利息收益是固定的。无论金融市场怎么变化，企业的业绩如何，债券的票面价值如何走向，投资者所获得的利息都不会受到影响。这就为债券投资的收益提供了保障。最后，债券的收益是双重性的。我们可以通过可转换债券的票面价格的变动，以高价转出、低价转入的方式，获得价格差（这与股票获利的方式有所相似）。此外，我们还可以定期或者不定期地获得债券的利息。

"你外婆一直对投资债券情有独钟，当大家的钱都在股市里被套牢的时候，外婆却能在债券市场获得收益。三年前，外婆用8万元在银行购买了一份企业债券，在第一年末，债券面值上涨了，外婆卖掉手中一半的债券。第三年到期之后，外婆不仅拿回了本金，还获得了35%的收益，也就是累计2. 8万元的现金收益。”

这时，孩子又有问题了，他说：“妈妈，你刚才说外婆以前买了三峡工程的国债，现在买了企业债券，怎么一会是国债，一会是企业债券呢？我都糊涂了。”

“因为债券也分很多种类啊，就像股票一样，分为A股、B股、H股等，债券也可以分为国债、地方政府债券、金融债券和企业债券。谁发行的就叫什么债券。比如，国债就是政府部门发行的，企业债券就是企业发行的。

“不过，并不是谁都可以发行债券，发行债券必须符合我们国家的相关规定，符合一定的条件。”

“妈妈，那么，什么债券最好呢？”

“每种债券都各有特色，不存在最好的。一般而言，国债的购买者比较多，因为大家把国债又叫作‘金边债券’。它是由政府发行的，大家对政府都有很高的信任度。所以，国债十分紧俏，甚至还需要排队购买。不过，有些人偏向于购买企业债券，虽然风险大于国债，但收益也有可能超过国债。”

债券没有最好的，只有最适合的。拿我家来说，购买可转让的企业债券最为稳妥。虽然这种债券的利息相对较低，但成本也处于低位，而其上升空间还很大。

我们教孩子投资的时候，并不是要让他们选择收益最高的投资产品，而是教他们如何分析，让他们学会选择最适合自己的投资产品。特别是在孩子刚接触到投资产品的时候，不能让他们一知半解。我们有责任向他们提供正确而广泛的信息，帮他们打好投资理财的基础。另外，投资产品并不是玩具，也不是教具，不能一时兴起玩几天就算了，必须坚持不懈。

本节提醒

股票和债券都是企业的一种融资手段。我们用一定金额的钱购买了某个企业的股票，我们投入的钱可以看作本金，而我们从这支股票中获得的利润，可以看作利息，这样与购买债券就有一些相似点了。不过购买债券绝对不能等同于购买股票。目前儿童还不能单独开立账户购买债券，不过家长可以带上自己的身份证去当地的证券公司开户。购买国债和债券最低购买面值是 1000 元，同时证券公司会赠送用户手册教你如何操作。孩子虽然不能独立参与到购买债券的行为中，但是可以进行一些模拟操作，从中得到训练。

闲置宝贝成就的小富翁

很久以前，在沿海的一个小村庄里生活着一对兄弟，他们从小以捕鱼为生。随着年龄的增长，他们捕鱼的技术越来越娴熟，能捕到的鱼越来越多，每天都有剩余。这时候，哥哥想：既然昨天捕的鱼还没有吃完，为什么今天还要出去呢？不如待在家里等鱼吃完了再出去。于是，哥哥就这么捕一天鱼休息几天地过日子。而弟弟却想：既然现在我能捕到这么多鱼，为什么不拿到集市上去卖，然后赚点儿钱呢？年复一年，哥哥依然住在小村庄里，住在父亲留下的窝棚里，生活只剩下睡觉、捕鱼、吃鱼；弟弟将卖鱼的钱攒起来，买了艘渔船，捕了更多的鱼，攒了更多的钱，最后盖了间大房子，而且有了自己的田地和渔场，成为了镇上有名的富翁。

同样是剩余下来的鱼，兄弟二人处理的方法不同，效果也截然不同。弟弟将其卖给了需要的人取得了更大财富。有时候，投资赚钱并不是那么费脑筋，只要我们发挥出多余东西的作用，也可以从中获取价值。随着信息技术日新月异，现在闲置市场也越来越火，越来越多的人通过开网店抢占电子商务这一商机，这些市场多以网络平台为主，网络交易已经成为我们生活的一部分。

现在的孩子接触网络的时间早，可能对网上交易也略有耳闻，我们可以鼓励孩子做一些网上买卖，比如将自己闲置的衣物、玩具、学习用品通过网络卖给其他需要的人。

80后淘宝店主邱女士的孩子已经7岁了，最近孩子提出想在网上出售自己闲置的物品，邱女士得知后非常高兴，也忙着帮孩子收集“货物”，将孩子不能穿的衣服、鞋子，小时候的学步车、婴儿床以及现在的玩具、文具等清理出来，然后打理干净，拍了些清晰的照片。

接着，邱女士教孩子在58同城上以他的乳名注册了一个新账户，并用邱女士的手机号码进行了身份验证。接着，他们把收拾好的货物一件一件挂在网上，并添加了每件货物的描述文字，上传了货物的图片。

孩子问邱女士：“妈妈，现在我们把货物都放到网上了，可是怎么卖呢？我又怎么知道别人要来买呢？”

邱女士说：“孩子，刚才我们不是把妈妈的电话号码留在上面了吗？如果有人对我们的货物感兴趣，就会通过电话联系到我们。对方也许会询问一些问题，当他决定要买的时候，我们就可以约定一个交货的方式。比如，他把钱转入到你的银行卡上，然后我们快递给他货物；或者我们和他约定具体的时间和地点，见面进行交易。”

孩子又问：“妈妈，我要当掌柜，我要亲自卖出我的东西。如果有人打电话来买东西，你一定要记得把电话交给我，好不好？”邱女士满怀欣喜地答应了。

虽然只是在58同城上做些闲置品的小买卖，但孩子很有当掌柜的架势。他准备了一个小账本，说是要记录下卖出的货物。每过几个小时，孩子就会来看看我的手机，检查一下是不是有客户来咨询。

终于，有一对夫妇来咨询婴儿床了。孩子有模有样地和对方交谈着。对方对货品的成色和价格都很满意，并确定要购买。这时，孩子开始和对方交涉交易的方式，他学着邱女士平时的交易语言，有模有样地说："这么说，你们是决定要购买了。那么，我们约定一个交易方式吧。现在有两种选择，一是你把钱转到我的户头上，我把婴儿车快递给你；一种是我们约一个时间和地点，当面交易。"

听孩子这么说时，邱女士差点儿笑出了声。这么重的婴儿车，要快递得花多少钱，真要自己承担运费，这不是做亏本买卖吗？对方大概也知道这个小掌柜忽略了运费问题，于是，对方主动说要上门取货。

这次交易成功之后，邱女士对孩子说："刚才你忽略了一个问题，这个问题很严重，你差点儿让我们承受损失。"

孩子不以为然地问道："什么错误？有哪儿是没做好的吗？"

邱女士说："难道你忽略了运费吗？你的货物是二手闲置的，卖价已经很便宜了。比如婴儿床，当初买的时候花费了近千元。现在只卖300元，如果我们承担运费的话，还得支付上百元。所以，你在谈生意的时候，一定要考虑到自己的收益。"

"哦，原来是这样。我们买的时候花了1000元，现在才卖300元，我们是不是还亏损700元呢？"

"也不能这么算，你想想，现在你已经用不上婴儿床了，如果一直放在那里，不仅没有用处，还占据了一部分空间。现在我们把它处理掉，还可以拿回300元钱，怎么能算亏损呢？"

孩子仔细盘算着，在下次交易中就特别注意交易方式的问题。没过几天，孩子又问邱女士："妈妈，我看到网上卖的很多闲置品都很便宜。我能不能将它们先买下来，当成我的货物，然后再放到网上卖出去呢？比如有一副象棋，才卖5元钱，我买了之后再卖给别人8元钱，不就可以赚钱了吗？”

孩子进步得很快，精明能干的妈妈果然教出了精明能干的儿子。如果您的孩子也六七岁了，不妨试一试邱女士的方法，帮助孩子做些闲置宝贝的买卖。一来可以用闲置品换些收入，二来也可以让孩子身临其境地体会一下真正的买卖。每一位富翁都离不开尝试。所谓“不积跬步，无以至千里；不积小流，无以成江海”，投资也一样，没有从小的学习和积累，怎么会有大的收获和作为。

当然，世界上没有稳赚不赔的买卖。当孩子才开始尝试的时候，就要明白这个道理。做买卖的原则并不是要快速甩卖掉自己手中的货物，而是要利用我们的货物为自己获取利益。对于一个商人来说，效益永远是第一位的，无论是经济效益，还是社会效应，都是商人致力追求的。

本节提醒

闲置物品的买卖除了可以在网上进行，还可以在跳蚤市场上交易。跳蚤市场是一个出售及购买物品的市场，出售的货物一般是二手物品，价格比较便宜。实际存在于生活中的跳蚤市场并不多，一般仅出现在小区或学校，且会受到时间和空间的限制。但是，跳蚤市场更安全，买卖更公平，与我们大多数的日常经济行为更接近。因此，如果有合适的机会，建议孩子去跳蚤市场进行闲置物品的买卖。

鼓励孩子做个打工小皇帝

大家对“打工”一词并不陌生，都知道它的意思：为别人工作，以获取劳动报酬。那么，为什么叫“打工”而不叫“上班”呢?

“打工”与“上班”是有差异的。打工多指某些人背井离乡，去经济比较发达的地区从事零散的工作。

很多人认为打工是没有前途的，不如投资创业。殊不知，投资创业是需要资本的，并不是每个人都有这样的机遇和资本。从打工起家的大富翁不计其数，比如李嘉诚、王永庆等。从儿童时期就开始打工，最后成为美国最年轻的百万富翁的达瑞，大家一定不会陌生吧?

达瑞自己透露，在他8岁的时候，有一次很想去看场电影，可是没有钱买电影票，在他面前有两种选择：一种是找父母要钱，另一种方式是自己赚钱。达瑞选择了后一种。他在电影院旁向行人出售自己调制的饮料，但由于天气太冷，只有父母光顾了他。

后来一次偶然的机会，达瑞遇到了一位富翁，富翁教给他两点致富的诀窍：第一，尝试为别人解决难题，你会获得报酬。第二，将精力集中在自己知道的、会知道的和自己已经拥有的东西上。

达瑞铭记这两点建议，从自己的能力出发，开始了自己的打工之路。例如，小达瑞发现每天早晨出门拿报纸是很多人最不愿意干的事，因为报纸往往被塞在篱笆里，室外又非常寒冷。于是达瑞决定为人们送报纸，每个月只收取1美元的报酬。这项生意很成功。接着，达瑞又发现，大家对倒垃圾这件事也没多大的热情。于是，他提出每个月加收1美元，不仅送报纸，还帮助别人倒垃圾。就这样，每当一项生意成功的时候，他总会有新的主意，因此赚到了更多的钱。

我们往往会发现，很多传奇的例子都来自外国小孩，因为外国人很重视并鼓励孩子打工。他们认为教孩子独立和劳动是很重要的。所以，很多国外的孩子在假期都会去打工。例如，帮邻居整理草坪、看管小孩等。

曾经有人提出了这样的疑问：为什么国外的小孩子可以去打工，而国内的小孩却不能？这并不是一个能与不能的问题。由于国内家长的观念与国外家长不一样，国内家长往往把孩子视为掌上明珠，习惯帮他们安排妥当一切，总担心孩子过早接触社会会受到伤害。而国外的父母则鼓励孩子自己去尝试，通过自己的劳动获得报酬。很多国内的孩子在智力上与国外的孩子并没有什么差别，但在自理能力上却相差甚远，家长不放权是一个重要原因。

儿童理财专家指出，其实在孩子5–6岁的时候，已经拥有了一定的行为能力，家长可以鼓励孩子做些力所能及的事，换取一些零花钱。

中国《未成年保护法》有明确的规定：任何组织和个人都不得使用未满十六岁的未成年人。不过孩子做些力所能及的事，赚些零花钱，比如洗碗、倒垃圾等，这叫社会实践，是我们应该大力推行的。

打工不仅是对孩子自理能力的开发和教育，也是对孩子的财商教育。让他明白天下没有免费的午餐，该如何从劳动中换取收益。当然，打工要尊重孩子的意愿，作为家长的我们可以给予意见和建议，影响孩子的抉择，但是不要替孩子做决定。

本节提醒

在欧美国家，无论贫穷还是富裕，家长都会让孩子从小学习独立，养成用劳动换取所得的观念。因此，大多数欧美国家的孩子很小就习惯打工了，例如在家洗碗、扫地，或帮邻居除草、倒垃圾等，只要可以获得零花钱、得到锻炼，家长都会鼓励孩子去做。在学校里，校方也会让学生在一些特定的活动中学习、体验诸如募款之类的公益活动。例如孩子会拿着手工饼干或慈善餐券到住宅区按门铃兜售。孩子如果能通过劳动去换取财富，会让他们很有成就感。同时，他们也能从切身体会中珍惜劳动所得。这样，孩子每花一分钱都会多些思考，把钱运用在最需要的地方。

第六章
让孩子学会管理这五个账户

把决定权交到孩子手中

论语有云："君君臣臣，父父子子。"这是说：君主要有君主的威严，臣子要尽臣子的责任，父母和子女也要有自己的样子。中国传统思想认为：父母就是子女的天，遵从父母的意愿是子女的义务。这种思想一直延续至今。

于是，有很多父母习惯性地帮孩子做任何决定，为他们制定成长计划，帮他们选择学校、选择书本，为他们制订理财计划等。总之，并没有给予孩子权利，让他们自己去决定，而是努力把孩子塑造成自己理想中的样子。

这就造就了很多高才低能、有知识没常识、优柔寡断的人。当他们有想法的时候，没机会表达出来，终于有机会表达了，却再也没有想法了。

孩子应该有自主的权利，无论他的年纪大小。父母的义务在于引导，而非强制管教。我们教孩子读书识字，让他们认识这个世界，想尽办法提高他们的认知能力。当他们认识得越多，面对的选择也就越多。这时，他们也许能通过自己的分析，做出合适的选择；也可能因为缺乏经验，面临选择的困惑。特别是在孩子进入学龄期之后，模仿能力和学习能力都很强，面临的困惑会更多。而父母是他们最好的帮手，可以给予他们有参考价值的建议和意见。就像一个刚学步的孩子，在他蹒跚行走遇到阻碍的时候，我们要在一旁给予他扶持，防止他跌倒。

但有些父母并不这样想。他们觉得，只有把自己的经验全部灌输给孩子，并用自己的决定来替代孩子的决定，才可以避免他们面对困境做出错误的决定。

有研究表明：经常由父母做决定的孩子，长大之后与同龄人相比，常常缺乏判断能力和选择能力，既不能认识到自己的义务，也不明白自己的责任所在。生活的价值在于自主选择，只有孩子自己做决定，才能从中有所收获。

理财规划也是如此。在整个计划中，我们需要做的仅仅是以下几点：

第一，向孩子提供详细的信息。例如，告诉孩子我们的经济状况，目前有多少存款，有哪些理财产品，不动产能值多少钱。我们不要担心让孩子了解家庭的经济状况，只有让他们了解真实的情况，他们才能更准确地做出选择。

第二，向孩子提供一个可参考的理财规划目标。这一点相当重要，我们教孩子理财，到底是为什么？是希望他们多赚些钱，提早经济独立吗？显然不是这样的。我们鼓励孩子凭借自己的能力赚钱，但不会硬要求他们自力更生。因为理财规划只是财商教育的一部分，利益不是孩子最终的目标，学会如何控制风险、承担风险，如何积累财富、管理财富，才是最重要的。

比如，一项金融产品，投资它能赚到100元，而且赚到的概率为90%，但是也存在10%的亏损概率，可一旦亏损，就会赔上10000元。这样的投资你会让孩子去做吗？肯定不能。因为它的风险已经超过了孩子所能承担的范围，尽管赢利的概率远大于亏损的。

第三，让孩子决定理财的目标。无论是存钱，还是消费；无论是投资，还是做慈善，都要让孩子明白我们为什么这样做。比如坚持存钱，那是为了什么？总得有个原因。如果存钱是为了投资，那么，我们该选择什么样的投资产品，投资又是为了什么？赚来的钱该怎么支配？亏损的钱怎么弥补？关于这些问题，我们可以向孩子提供信息，但是做不做最终还需要孩子自己去考虑。当孩子把这些问题都想清楚后，就能确定理财的目标了。

第四，提醒孩子把规划落实到行动中，并对其进行监督。怎么把规划落实？就像我们提出一个议题，要通过调查研究才能得到结论。这个调查研究的过程我们称之为操作化。那么，理财规划要落实到行动中也需要孩子对其进行操作化处理。例如，规划中提出要进行存款。把这一点操作化，即是：首先清楚自己有多少钱，包括各种红包、零花钱、压岁钱等；其次明确哪些钱可以存起来，比如红包和压岁钱可以存起来，零花钱可以用一部分存一部分，还需要考虑到如果有急用，是否应该留下一部分钱周转；最后再选择存款的方式。按照这个方法，就可以把整个规划落实到行动中了。

现在，很多父母已经把财商教育当作是人性教育、生命教育的一部分。所以，对孩子进行财商教育的时候，我们要从“财”这个字眼中跳出来，重视他们的人格塑造，把他们当作一个独立的个体，尊重他们的权利。

本节提醒

智库百科将理财规划定义为：理财规划是指针对个人或家庭发展的不同时期，依据收入、支出状况的变化，制定财务管理的具体方案，实现各个阶段的目标和理想。制定儿童理财方案最关键的是要适合儿童的发展阶段，适合儿童的实际状况，规划的内容切莫“超纲”。因此，理财专家强调，制定规划要以孩子为主导，适合孩子的认知发展水平。否则，理财可能成为一件痛苦的事，甚至是件恐怖的事，会降低孩子在财务管理方面学习的积极性。

科学地分配五个账户的比重

本书中提到了五个账户：第一个为储蓄账户，意在让孩子学会积少成多，在积累中发现财富；第二个为消费账户，这个账户能避免孩子成为盲目的购物狂，培养孩子的自制力；第三个为分享账户，让孩子感受给予的幸福；第四个为信用账户，让孩子成为可信赖的人；最后一个账户为投资账户，让孩子在付出中收获回报。

从这五个账户可以看出，它们不仅是理财账户，也是孩子的成长账户。从理财出发，要让孩子首先接触到财富的概念，并对财富产生浓厚的兴趣，产生获取财富的欲望。然后让孩子明白，如果我们不主动积累财富，它就会越来越少；反之，如果我们主动积累财富，财富就会越来越多，源源不断。

当孩子拥有了一定的财富时，就要让孩子明白，消费是怎么一回事。他们的吃穿住行都不是免费提供的，需要他们用财富去换取。他们一边在积累财富，一边又在消耗财富。就像一个水缸，我们一边往里面注水，一边往外面放水。那么怎么才能保证水缸中一直有水呢？这就不仅要保证注水口始终在往里面注水，还要保证出水口始终小于注水口。如此一来，水缸里的水才不会干涸。注水口就相当于我们积累财富的能力，出水口就相当于我们的消费水平。

接下来，当积累的财富大于消费的时候，财富就会出现结余。这个时候，孩子就可以将结余用来投资，以资本换资本，用钱生钱。在投资的过程中，孩子能体会到风险和压力，经历赢利和亏损。

通过财富的积累、投资，孩子掌握的财富会越来越多，已经能够满足自己的需求，这个时候就可以把财富分享给身边的人，通过分享来感受获取财富的真正意义。

最后，第五个账户可作为备用账户。它可以在我们遇到困境时提供一时之便。当然这样的便捷也是要有付出的，那就是我们的诚信。

除了财富的经营，这五个账户对于孩子的人格形成、品行的塑造也起着至关重要的作用。

从第一个账户——储蓄账户来看，它是要孩子明白“积累”的道理，不仅财富需要积累，每个人的见识、文化、经验，各个方面都需要积累。万事万物都有生长和发展的过程，从无到有，从有到精。积累重在坚持，让积累的习惯伴随我们一生，才会不断地获得进步和完善。

而第二个账户——消费账户让孩子看到了积累的对立面——损耗，也促使孩子去学会取舍，如何在自己的欲望和现实条件中获得平衡。凡事都要量力而行，首先要清楚自己的实力，再去权衡损耗可能对自己造成的影响。取舍可能让人觉得为难，但它是衡量一个人是否理智、成熟的标志。

再看第三个账户——分享账户能培养孩子的感恩心、同情心。作为人类社会中的一员，我们从生活的环境中获取生存资源，而这种资源是人类所共享的。当我们有更多资源的时候，就有义务分一部分给那些还未能获得资源的人。从严格意义上来说，这并不是说我们有多高尚，而是我们作为社会成员的义务所在。让孩子明白自己的义务，把自私的程度降到最低。

第四个账户——信用账户是为了把孩子培养成一个有信用、有责任心的人。在社会交往中，信用越来越受到人们的重视。一个有信用、有责任心的人，往往能在社会交往中获取养分；而一个失去信用、缺乏责任心的人，终会被社会淘汰。让孩子成为一个值得信赖、有责任心的人，对其一生都大有裨益。

最后，第五个账户——投资账户，投资也就是一种付出，不仅需要付出金钱，还要付出汗水、智慧和时间。它与投机完全不同。投机就是赌博、碰运气，不一定有收获，反而会遭受损失。而投资总会让人有所收获，或者收获财富，或者收获获取财富的方式。

由此来看，这五个账户是一脉相承、相互作用、缺一不可的。而如何分配这五个账户的比重，这就需要我们根据孩子的实际情况进行配比。比如，如果孩子现在还没有存钱的意识，那么，我们可以加重第一个账户的比重。如果孩子是个购物狂，喜欢什么就一定要买什么，那么，我们应该重视第二个账户。如果你的孩子习惯性借钱，没有良好的借贷意识，那么，我们可以加重最后一个账户。

本节提醒

制定理财规划很重要，但是制定规划过程中所涉及的技巧和方法也很重要，孩子既应该知道结果，更应该参与到过程中来。家长习惯于站在自己的角度思考孩子的问题，约束他们的行为，殊不知这样不仅不能帮助孩子，反而剥夺了他们尝试失败和挫折的权利。只有相信孩子，让孩子自己做决定，他们才能由内向外发展出自控力和责任感，从而实现自己的价值。

爸爸妈妈们，你们了解孩子的财富目标吗

提到财富目标，可能有人要说："这还用问吗？财富目标当然是赚更多的钱，成为一个富有的人。"

如果你这样回答，说明你还不明白财富的真正含义。

匈牙利诗人裴多菲有诗云：生命诚可贵，爱情价更高，若为自由故，两者皆可抛。作者心中的财富包括生命、爱情和自由。因此，他才用"贵"和"价更高"来形容。而在这些财富中，最贵重的是自由。

我们通常会把财富分为两个部分：精神财富和物质财富。物质财富可以包括我们的收入、存款、投资、房产等。而精神财富的内容就更加广泛了，比如情感、理想、兴趣爱好、品行等。每个人都有自己的财富。因此，财富的目标也是因人而异的。

我们在协助孩子制订他们的理财计划时，一定要明确孩子的财富目标。正如世界上数一数二的富翁比尔·盖茨，他在哈佛读大二的时候就果断退学，从事自己热爱的电脑程序事业。刚开始几年，他的程序并不能赚钱。但在他坚持几十年后，他的程序帮他造就了一个财富帝国。如果当初盖茨的父母认为只有哈佛学位

才是他的财富目标，那么，现在就不会有我们每天都要接触的电脑系统，更不会有人知道谁是比尔·盖茨了。

要帮孩子恰当地制定其财富目标，就需要花时间去了解你的孩子。就像我们种植植物，每种植物有其喜好，有的喜阴，有的喜阳；有的适合放在室内，有的适合放在室外；有的需要多浇水，有的不需要浇水。如果我们误以为所有的植物都喜欢阳光、水分，那么很可能会害死一部分植物。

孩子也一样。他们各有各的习性，各有各的特长。有的孩子喜欢读书写字，有的孩子喜欢玩游戏，有的孩子喜欢体育活动，有的孩子喜欢唱歌跳舞……我们不可能用一种标准模式来约束性情各异的孩子。

例如，性格外向的孩子，对新鲜事物特别有好奇心，喜欢尝试，也善于模仿学习。刚认识钱的时候会像个小财迷，整天计划着怎么才能成为大富翁，等到他开始学习投资的时候，就能表现得沉稳一些了。

又例如喜欢算数、害怕外语的孩子，可能他爱看的书籍很广泛，有科幻杂志、漫画小说、少儿百科。凡是他认为新奇的东西，他都很有求知欲。

在协助孩子制定理财规划的时候，我们必须尊重孩子的意见。因为孩子总是有很多很有意思的主意。同时，他们也十分在乎自己的想法。

传统的家庭往往认为，应该从小监督孩子认真读书，要他保持优异的成绩，将来考上名牌大学，拥有一个有分量的学历证书，那就是孩子一生的财富。

不过，孩子喜欢什么，想要什么，只有他自己最清楚。他的财富目标应该遵从自己的心。例如，你的孩子希望成为一名画家，同时也希望当一名慈善家，那么，我们就应该尊重他，在绘画方面培养他，无论他今后是否能成为大富翁，是否能成为慈善家，那都是他希望的生活。能过自己理想的生活就是最大的财富。

与其拔苗助长，不如因材施教。我们只有通过关注孩子、了解孩子、研究孩子、尊重孩子，才会明白他们究竟想要的是什么。无论孩子的财富目标是什么，在其实现目标的过程中，我们都要注重精神财富和物质财富的平衡。有了物质财富但缺少精神财富，或者精神财富丰盈却没有物质财富，孩子的一生都不会幸福。

本节提醒

尊重孩子的目标很重要，但是如何了解孩子的目标呢？儿童心理学家们多年来对儿童的发展进行了大量的研究，制订了各种测量儿童心理的量表，例如，韦氏儿童智力量表、儿童心理发展量表等。通过这些量表，家长可以对孩子的智力水平、性格特征以及兴趣爱好有所了解。同时，家长要加强与儿童的对等沟通，通过游戏和聊天，了解孩子的想法，从而了解孩子的目标。

父母必须走出的理财教育误区

父母是孩子的启蒙老师。在孩子刚具有认知和学习能力的时候，父母的引导尤为重要。事实证明，人们往往对第一次接触到的事物产生的印象最深，甚至今后都很难改变。这就是我们常说的首因效应。但首因效应往往会滋生刻板印象。

例如，孩子第一次问父母“我是从哪儿来的”这个问题的时候，有的父母会说：“你是捡来的。”而孩子很可能对这个答案深信不疑。甚至一度出现过这样的案例：有一个孩子四岁时问父母：“我是从哪里来的？”他的母亲回答他：“你是我们捡来的。”从此，孩子始终怀疑自己的身世。等他十几岁的时候，就离家出走，寻找自己的亲生父母。但事实上，他从未离开过他的亲生父母。

有些错误一旦出现，就可能在孩子心中生根发芽，很难矫正。所以，在对孩子进行理财教育之前，作为父母的我们也需要做足功课，多学习别人的经验教训，避免因为教育的失误而影响孩子的前程。下面列出的理财教育误区，父母们就应该警惕了。

第一，误以为理财是富人的专利。有人说，理财与穷人无关，因为自己没有钱，还能怎么理？事实上，理财是一种生活态度，与是否有钱并没有直接的关系。当你有100元的时候，你可以生活一个月，当你有1万元的时候，你也可以生活一个月。这种把100元用出1万元效果的手段，就是一种理财手段。没钱的人学习理财，就会明白该怎么合理支配自己不多的财富，同时怎么去获得更多的财富。有钱的人学习理财，就会明白如何珍惜和保护自己的财富，怎么用这些财富去实现自己的人生价值。所以，无论贫穷，还是富有，理财都是值得我们学习和掌握的生存技能。

第二，不要充当孩子的“冤大头”。很多家长习惯给孩子钱，给了零花钱还不够，还要给买文具的钱、买书的钱、买衣服的钱、交通费等。总之，能想出各种名目给孩子钱，然后劝说孩子把钱存起来。殊不知，这样做并不是孩子在存钱，而是我们在替他们存钱。有的家长觉得直接给钱不太好，于是就用“工资”或“奖励”的方式，比如扫一次地50元、洗一次碗50元等。当孩子付出劳动之后给予报酬是很合理的，但是将这种报酬无限夸大甚至滥用，就容易误导孩子。

第三，让节省变成“苛刻”。节约是孩子在理财教育中的必修课。因为节约不仅是一种美德，更有益于财富的持续增长。不过有些父母误解了节省的真实用意，不仅向孩子隐瞒真实的家庭情况，还过分要求孩子在成长过程中节约金钱，甚至要求孩子在任何情况下都不能让自己的金钱有所损失。这不仅影响孩子健康正常地发展，还可能将孩子培养成一个守财奴。

第四，让孩子过早或者过晚接触到投资。常言道：“早起的鸟儿有虫吃。”所以很多家长认为教孩子投资是越早越好，于是在孩子认识金钱的时候，就开始带着他尝试各种投资。但是还有句话说："早起的虫子被鸟吃。"投资需要的不单单是本钱，还有孩子的逻辑思维能力。当孩子在心智上还不具备这样的能力时，我们却急功近利地要求他尝试投资，反而会对他产生负面的影响。当然，晚了也不行，当孩子已经有了成熟的思维和行为能力后，再去教他投资，他可能很难在短期内养成良好的投资习惯，这也会让他落后于其他孩子。

最后，理财不是坐享其成，也不是一夜暴富。很多家长认为理财的目的是赚钱、成为富有的人。如果掌握了理财的技巧，有相当好的理财习惯，那么，孩子很可能成为一个富有的人。不过，理财的目的并不是追求更多的财富。就算有金山、银山，也有吃空的时候。理财只是让孩子形成一个习惯，而这个习惯可以让我们的财富有再生的功能，给予我们一个持久的、连续的物质保障。

为什么有些家长对孩子进行了理财教育，却产生了负面的影响？他们一面抱怨自己的孩子视财如命，一面误导孩子。其原因正是这些家长可能已经落入了理财教育的误区。如果不提早纠正，很可能在孩子心中形成顽固的恶习，让他们离财富越来越远。

本节提醒

理财是孩子在成长过程中不可缺少的技能，也是教育中不可缺少的一部分。但是，当我们在急功近利追求效果的时候，往往会忽视过程的科学性。理财不是为了发财，高的财商也不是两三天就可以获得的，任何事情事都没有捷径，只能通过坚持和不断地改变、适应。

第七章

来！与孩子一起玩理财Q&A游戏

为什么给我买衣服要花钱

刚教孩子学会认识人民币的时候，他特别在乎钱。无论是看到我们花钱，还是看到我们往家里拿钱，他都会凑上来问两句。

儿童节，我带孩子去商场挑选衣服。付款的时候，我拿出几张人民币放在收银台上，等收银员结账。

这时孩子走过来，踮着脚站在收银台旁，伸手把我放在收银台上的钱又拿了回来。我疑惑地问他："你这是干什么？快把钱放回来。"

孩子把手背在背后，摇着头说："不，我不把钱拿出来。"

收银员哭笑不得，走过去蹲下身对孩子说："小朋友，乖，把钱给阿姨好不好啊？"

孩子用一种近乎愤怒的眼神看着她，然后跑过来站在我身边，狠狠地摇着头说："我不会给你的，钱是我妈妈的。你别想拿走。"

给孩子讲了很久的道理，他才肯把钱交给收银员，眼中充满了不舍。

爱钱是很多小孩子在认识了钱并了解了钱的重要性之后，

作出的典型反应。当看到钱越来越多的时候，他会很开心；当看见钱越来越少的时候，他会很失落。如果要他把手里的钱交给别人，几乎是不可能的。

不过，我们总应该让孩子明白购买和消费到底是怎么回事，这样他才能知道钱是怎么顺利流通的。

Q：“为什么给我买衣服要花钱？”

A：“首先，孩子，什么是‘买’呢？买就是一种交换。用你的东西去换别人需要的东西。这种行为已经流传了很多年。最早，我们的祖先都是群居生活，一起劳动，一起捕捉猎物。然后按人口数量来分配劳动成果。后来，他们的劳动成果越来越多，捕捉的猎物也越来越丰富。这个时候，分配有了剩余，人们也有了不同的需要。例如，有的人粮食太多，但是没有猎物，而有的人刚好猎物太多，没有粮食。这个时候，粮食太多的人就会拿粮食去换别人的猎物。当然，用多少粮食交换需要双方达成协议。就这样，需要交换的人越来越多。人们发现，这样交换会很麻烦，不如用一种固定的、能够普遍交换的、便于携带的东西来代替这些物品进行交换。于是有了黄金等贵金属作为货币出现。随着生产力的发展，人们觉得用黄金交换也不是最方便的。最后，就出现了纸币，也就是我们现在说的‘钱’。

“所以，钱就变成了我们换取其他东西的一般等价物。

“比如，你有很多巧克力。多到你完全不可能吃完。而这时候刚好有个小孩有很多棉花糖。你想吃棉花糖，他想吃巧克力。那么，这个时候，你们就可以用一颗棉花糖交换一颗巧克力。你们就都如愿以偿了。如果他要拿走你的巧克力，却不给你任何东西，你肯定不愿意。

“道理是一样的。当我们去商店，挑选了自己喜欢的衣服时，我们就需要拿出自己的钱与商店老板进行交换。因为你需要的是衣服，而商店老板需要的是钱。完成交换的时候，钱就不再是你的，而是商店老板的。不过你也没有损失，因为现在商店的衣服已经是你的了。这就是‘买’。

“不仅是买衣服，买任何东西都是需要付钱的。比如妈妈去市场买菜，爸爸买汽车，外婆买保险……都需要付钱。钱可以买各种各样的物品，当然也可以买各种各样的服务。比如，我们拿钱给家政公司，他们就会帮我们打扫房间。我们拿钱给幼儿园，他们就可以照顾你，教你读书识字、唱歌跳舞……

“这是一种交换，而这种交换在我们的生活中普遍存在，每个人都必须遵守。如果有人拿了别人的东西，没有给钱，那就是偷，就是抢。大家都会指责他，警察叔叔也会把他抓起来。这是我们的生存规则，就像你们玩的游戏，谁不遵守规则谁就会出局。孩子，现在你明白了吗？”

美元是什么，它是人民币吗

老公即将去美国考察，那几天，孩子知道爸爸要去美国了，特别高兴。每天老公下班回家，孩子都迎上去和他说个不停。老公承诺儿子，会买Chirardelli巧克力送给他，还会给他买新玩具。

临行前，老公去银行换了些美元。回到家里刚好被好奇心重的孩子看到。他拿起这张“纸”问我们：“这是什么？”我立刻从包里拿出一张100元的人民币问孩子：“你看看，它们有没有相似之处？”

刚好前些日子，我已经教会孩子认识人民币了。孩子拿着人民币和美元，仔细比对了一番，说：“它们有点像，又有点儿不像。”我接过钱对孩子说：“你说得没错。它们有点像是因为它们都是钱，都可以用来买东西。”

然后，我拿着人民币递给孩子：“它们不太一样，是因为这张叫‘人民

币’，是中国人的钱。而这张叫‘美元’，是美国人的钱。”

孩子又糊涂了：“美元是什么？我怎么从来没有见过？既然它们都是钱，都可以用来买东西，为什么不都叫‘人民币’呢？”

Q：“美元是什么？它是人民币吗？”

A：“到底什么是美元呢？简单地说，在中国买东西就可以用人民币，也就是我们国家自己的钱，妈妈已经教你识别过了。在人民币上印有毛主席的头像。而美元上的图案就大不相同了。美元就是美国的官方货币，纸币有1美元、2美元、5美元、10美元、20美元、50美元和100美元七种票面价值。硬币包括1美分、5美分、10美分、25美分、50美分、1美元六种货币面额。如果我们要去美国，就必须把人民币换成美元才能使用。目前来看，6元多人民币可以兑换1美元。另外，美元不仅可以在美国通用，在全世界其他国家也可以使用。

“看新闻的时候，我们常常听到‘美元储备’这个词，这是怎么回事呢？因为在1944年的《布雷顿森林协定》规定，只有美元可以与黄金挂钩。我们都知道，黄金是永久性货币，无论在什么时代，发生什么事情，它都是财富的象征。美元与黄金挂钩，就代表了美元的稳固性。而其他国家的纸币则需要跟美元挂钩。所以，很多国家在储备黄金的同时，还会储备美元，因为这些储备量就代表了财富。虽然后来美国宣布停止了美元和黄金挂钩，但它作为世界货币的地位还是不可动摇的。”

你能不上班吗？天天在家陪我多好

孩子4岁的时候特别黏人。每天我们去上班的时候，都得花很多工夫跟他周旋。因为他压根儿就不让我们去上班。有时候甚至会为此哭闹。

某天加班回家，孩子一反常态。他没有跑过来和我们亲热，反倒是看见我们就扭身回到自己的房间，还把门关起来。

我疑惑了，孩子这是怎么了。我敲了敲门，他不理睬。

老公急坏了，拿来钥匙打开门。孩子把自己闷在被子里不看我们。我坐在床前，拉开他蒙在头上的被子，问道："怎么了？谁欺负你了，看你委屈的。"

听我这一问，孩子更来劲了，使劲扯过被子，把脸转向墙壁。

"怎么，连爸爸妈妈都不要了吗？你不说话，我们就走了哦？"我站起身试探他，"再不说话，我真的走了。"

这时孩子才转过脸来，眼里充满了泪水。孩子委屈地说："爸爸妈妈，你们为什么每天都要出去，就不能待在家里啊？"

老公抚摸着孩子的头说："因为爸爸妈妈每天都要工作啊，就像你每天都要上幼儿园一样。"

孩子又问："为什么要工作呢？我每天去幼儿园，下午就回家了。爸爸妈妈为什么不回来呢？在家陪我不是更好吗？"

看着孩子委屈的样子，我有种说不出来的心酸。

我很小的时候，和孩子一样，也不喜欢爸爸妈妈出去工作。特别是爸爸，那个时候爸爸是长途客车司机，每次出门都要好几天。所以我养成了一个习惯，每天吃早饭的时候，就认真观察爸爸，只要看到他穿好鞋子去拿手套的时候，我就会立刻放下手中的筷子，跑到门口不让他走。

那个时候的我特别浑，不仅要哭闹，还要抱着爸爸的手，怎么也不松开。无论大人们讲什么道理，我也不准他走。甚至有几次，爸爸妈妈拿我没办法，就只好把我带在身边去工作。也许每个小孩子都不想看到父母丢下自己去工作吧。

孩子的心情我能理解，可是要我们都不去工作，在家陪着他又不现实。尽管我们心里也很内疚，可必须让孩子明白，工作是必需的。

不过，在这儿我也不得不提醒各位家长，抽出时间陪伴孩子也是非常重要的。科学证明，孩子在3岁之前，如果缺少父母的关心和陪伴，很可能缺乏安全感，在今后的生活中出现各种各样的心理问题。现在，社会上出现了太多的留守儿童，他们的父母为了赚钱，奔走外地，把他们留在家乡。这些孩子因为得不到父母的照顾，在人格上产生了一些缺陷。

前段时间，看了一则新闻：一个孩子从4岁开始，父母都去了外地工作，把他交给爷爷奶奶照顾，每月按时汇钱给他。在孩子6岁的时候，遭遇了一次绑架事故。虽然最终警察成功地营救了他，可还是在他的心里留下了阴影。最让人惊讶的是，绑架他的居然是比他大几岁的留守儿童。他们不仅绑架了他，还在绑架过程中残忍地虐待了他。当孩子的父母看到儿子遍布全身的伤痕时，泣不成声。最后，孩子的父母说，这次回来就再也不离开孩子了，他们会就近做些小生意，好好照顾孩子。

金钱是养育孩子所必须的，但并不是唯一的。孩子的健康成长更值得我们费心。所以，作为父母的我们，在赚钱的同时，不要忽略对孩子的关心、保护和教育，不要为了赚钱而冷落了他们。

Q：“爸爸妈妈，你们能不上班吗？在家陪我多好啊！”

A：“孩子，首先，爸爸妈妈都是很爱你的。没有一个父母不疼爱自己的孩子。能整天和你在一起，也是爸爸妈妈们的心愿。不过，如果我们都在家陪你，谁去工作呢？不工作又哪来的钱供养家庭呢？

“你的成长，需要足够的金钱保驾护航。天上是不会掉馅饼的，不付出怎么会有回报呢？工作是赚钱的手段，我们去工作，是将自己的劳动力出卖给别人，同时换回支付我们劳动力的金钱。这些钱要给你买吃的、穿的，要提供给你一个稳定、健康、舒适的生活环境，还要送你去上学。如果爸爸妈妈不去工作，就没钱给你买吃的、穿的，送你去学校。

“所以，爸爸妈妈去工作并不是不爱你，而是因为太爱你了，要更加努力地工作、赚钱，才能给你更好的生活。

“这个时候，作为孩子的你，就要学会爱惜爸爸妈妈。因为赚钱是件很辛苦的事，只有你理解爸爸妈妈，珍惜爸爸妈妈的劳动成果，我们才会有更大的动力去工作。”

爸爸，你每月赚多少钱

“爸爸，你每个月能赚多少钱？”

某日放学后，孩子兴冲冲地跑回来问老公。

老公开玩笑地说：“孩子，你要知道，这么直接地问别人的月薪是件很不礼貌的事。我可有权保持沉默。”

孩子急了：“爸爸，你就告诉我吧。我们班同学都知道爸爸妈妈的月薪。”

老公说：“那你为什么一定想知道爸爸的月薪呢？”

孩子想了想，说：“爸爸，你到底有多少月薪？小乐的爸爸月薪有好几万呢，大家可羡慕他了。听说还有位同学的爸爸，月薪才3000元，他爸爸肯定没出息。”

“孩子，不许这样说。从月薪上判断一个人是不是有出息，是件很粗暴的事，你懂吗？”我对孩子说，“你爸爸月薪没有别人的高，你是不是觉得爸爸也没别人的爸爸好呢？”

孩子立刻辩解说：“当然不是，我爸爸最了不起了。爸爸去了好多地方，给我带了好多礼物，爸爸什么都知道，什么都会做，就像超人一样。”

“可是，我就是好奇爸爸的月薪有多少。板栗居然说他的爸爸没有月薪。如果他爸爸没有月薪，他怎么有钱花呢？这是怎么回事呢？”

当孩子开始关心我们每月赚多少钱的时候，我们一定要找机会如实告诉他。有些父母觉得告诉孩子这些不太好，自己赚得不够多，说了怕孩子自卑；如果自己很有钱，告诉了孩子，又怕孩子太招摇。其实只要我们掌握了孩子的心理，给他们解释清楚，这些烦恼都是可以避免的。

在回答孩子这个问题之前，我们首先要让他明白两件事：第一，每个月能赚多少钱不等于每个月的月薪。第二，收入的差别主要体现为工作性质和类型的差别，不能据此评判一个人的价值。

Q: “爸爸，你每月赚多少钱？”

A: “孩子，月薪其实是指企业或单位每月发给员工的钱，它是工资、各种补贴和福利的总和。板栗说他的爸爸没有月薪，是因为他的爸爸是个体户，自己开店做老板，并没有什么企业或单位发给他月薪，但是他有月收入。

“有时候月收入等于月薪，比如一个在企业上班的人，除了上班之外，他没有第二份收入来源。因此，他的月收入就等于他的月薪。

“而有的时候，月收入是大于月薪的。也就是说除了上班之外，还有其他的收入来源。比如爸爸，除了上班之外，还做了些股票和黄金的投资。这个时候，爸爸的月收入就等于爸爸的月薪加上股票和黄金的收益。当然，股票和黄金的投资也不一定是赚钱的，也可能出现赔钱的情况。

“此外，每个孩子的父母都有自己的工作，都要承担自己的社会角色。有的父母是工人，有的父母是农民，有的父母是政府官员，有的父母是商人……每个人的收入各不相同。比如，一个环卫工人与一个地产商人，他们的月收入差别很大。但是，我们不能说收入高的人就一定比收入低的人强。因为工作并没有高低贵贱之分，无论是从事什么样的工作，都是在自己的领域为整个社会乃至整个人类贡献，都应该获得大家的尊重。

“孩子，现在爸爸回答你‘每月赚多少钱’这个问题，但是，你必须答应爸爸几件事情：第一，无论爸爸赚多少钱，你都要记住，这是爸爸的劳动成果，与你无关，你不能认为爸爸的就是你的。第二，你要正确看待收入问题，无论多少，都不要与别人攀比，爸爸告诉你收入，只是希望你能客观地了解我们的家庭经济状况。最后，你不能戴着有色眼镜看人，评价一个人的价值，要考察很多方面，不要用收入来把人分为三六九等。无论别人的收入有多少，只要是依靠劳动换取的财富，都是值得尊重的。”

液晶电视为什么比巧克力蛋糕贵

最近我和老公商量要换一台液晶电视机，我们决定这几个月节省一些开支，以免影响到常规的理财计划。

液晶电视买回来的时候，孩子也特别兴奋。他激动地一屁股坐在还未安装的电视机上。我赶忙拉起孩子，对他说："宝贝，这东西可很贵的，一定要爱惜哦！你刚才坐在上面，很容易压坏它的。"

孩子不服气地说："有多贵啊，有我的巧克力蛋糕贵吗？我的蛋糕是姑姑订做给我的，要200元呢。"

"这电视机当然比巧克力蛋糕贵啊，它要1万元呢。能买50个你这样的蛋糕了。"

"什么？有这么贵啊……"

孩子开始小心翼翼地抚摸着电视机。

"可是，妈妈，为什么电视机比巧克力蛋糕贵呢？"

当孩子明白交换这回事的时候，往往会开始关注商品的价格。有的很便宜，有的很贵，他们可能会疑惑，为什么会出现这样的差别。

用比较专业的知识来解释，是因为生产电视机所需要的社会必要劳动时间远远大于生产巧克力所需要的社会必要劳动时间。因为商品的价格是由其价值决定的，而商品的价值取决于它所包含的社会必要劳动时间。

但是孩子所了解的知识有限，这样解释，他们可能不太容易明白。我们采用打比方的方式来告诉他。

Q：“为什么电视机比巧克力蛋糕贵？”

A：“现在我们的小朋友要卖自己做的小甜点。如果选择的材料都一样，小朋友甲做的甜点花费了半天时间；小朋友乙做的甜点花费了一天的时间；而小朋友丙做的甜点花费了两天的时间。这个时候，甲卖给别人2元钱，乙因为花费的精力更多，所以会比甲的价格高一点儿，他卖了3元钱，而丙花费精力最多，所以他的甜点卖了4元钱。

“另外，如果三位小朋友选择的材料的成本不同，做出来的甜点的价格也是不同的。同样的道理，我们就明白为什么有的商品价格高，有的商品价格低了。”

为什么到超市买东西比较便宜

“出发了，孩子，今天又是‘超市日’了。”

每周日就是我们家的“超市日”，也就是全家出动去离家最近的超市购物的日子。去超市购物也是孩子特别喜欢的一件事。因为我们可以在购物的同时享受到很多乐趣。

尽管如此，孩子依然会有很多问题。比如他会问：“妈妈，我们楼下就有洗发水，为什么我们不在楼下买，而要到这里买呢？”

我说：“孩子，这里同款的洗发水，就比楼下的便宜好几块钱。”

孩子又问：“妈妈，我们小区也有卖肉的，为什么我们不去那里买？”

我说：“孩子，这里的猪肉有保障，价格也公道。”

孩子又问：“妈妈，为什么要在超市买微波炉呢？”

我说：“因为打折啊，便宜！”

孩子有太多的问题，总是问我为什么要在超市买这个，为什么要在超市买那个。当我回答他之后，他又问：“那为什么超市的东西就比外面的便宜呢？”

这可能也是很多孩子的困惑：到处都可以买得到的东西，为什么我们一定要在超市买？现在，我们就来回答这个问题。

Q：“为什么超市买东西会比较便宜呢？”

A：“首先，我们得明白超市是什么地方？超市就是‘超级市场’的简称，既然称为‘超级市场’，肯定具有比较特殊的优势。超市最早出现在欧洲，到现在已经在全世界普及了。它是自选型商品零售集市。人们可以在这里自由挑选商品，最后再一次性结算，是种省时省力的购物方式。

“另外，由于超市的销售量大、流通快，所以，超市是很多生产商比较重视的销售对象。比起小商场来说，超市可以从生产商那里获得更多的优惠。或者超市在整个销售过程中，减少一些中间商，从而降低商品的成本。

“打个比方：甲是生产糖果的，乙和丙都是卖糖果的商家，但是，乙的销售量很大，每天可以卖100颗糖果，而丙两天才能卖1颗糖果。为了促进销售，增加利润，甲就决定卖给乙1元钱一颗，而卖给丙2元钱一颗。如果乙和丙都想从我们手中赚取1元钱，那么，乙将卖给我们2元钱一颗，而丙将卖给我们3元钱一颗。这样，乙就比丙卖得便宜了。

“超市的东西比其他地方的便宜也是这个道理。另外，有些商家为了促进销售量，常常会在超市进行打折等促销活动，在打折期间购买商品就更加便宜了。

“所以，才会有很多大型超市公开承诺：如果顾客发现超市的商品比别的地方贵，就可以投诉，并获得相应的补偿。”

快餐店发的抵价券有什么用

孩子喜欢吃麦当劳。不过，对于快餐食品，我们对他有比较严格的控制，不会经常带他去吃，每个月就去一两次。

最近，看见网上有麦当劳的抵价券，于是我免费下载了一些。周末，带孩子去了麦当劳。点餐之后，我把手机交给服务员，过了会儿，她打印了抵价券，我们结清账务就离开了。

这时，孩子有疑惑地对我说：“妈妈，我们怎么没付钱？”

我笑着说：“这顿不用付钱，我们有抵价券啊。”

“抵价券是什么？我怎么没有看见呢？”

我说：“抵价券就可以抵消掉我们这顿的消费，是麦当劳发给消费者的。刚才妈妈把手机交给服务员，就是让她帮忙打印手机上下载的抵价券。”

“哇，真酷！还有这种好东西。”

孩子想了想又问：“那妈妈，是不是以后我们来麦当劳都不用付钱呢？”

“这当然不是。并不是每天都有抵价券用的。再说，抵价券只能抵消掉特定食物的费用，或者一部分消费的费用。并不是吃什么都免费的，如果什么都免费了，麦当劳不是要赔本了。”

之后，孩子对什么现金券、抵价券特别感兴趣，看到商场的促销广告有抵价券，他就会催促我去商场买东西。

看来孩子对抵价券的使用有一定的误解了，我应该给他讲清楚抵价券到底该怎么用。

Q：“抵价券有什么用？”

A：“抵价券是商家发明的一种促销方式，它可以成为商家和消费者互利双赢的东西。例如，麦当劳发放的抵价券，就会吸引更多的人走进麦当劳消费。麦当劳赚到更多的钱，消费者也节约了一部分钱，双方都从抵价券中获得了利益。

“但是，有的抵价券也可能成为套住消费者的陷进。例如，某些服装商场派发抵价券，说买两件可获得100元抵价券。看到抵价券的时候，我们也许会动心，于是买了两件衣服，获得了一张抵价券。然后你发现，这张抵价券的消费方式为：本次消费不能抵价，从下次消费开始，在本店每买一件正价的衣服，可以抵20元。那么，这样算来，要在指定的店中买5件正价的衣服才能用完这张抵价券。

“而事实上，你可能并不需要那么多件这种风格或款式的衣服。结果，你为了抵价券，让自己掉进了购物陷阱。

“所以，孩子，一定要弄清楚抵价券的使用方式，并不是每一种抵价券都能为我们节省一笔钱，小心被抵价券忽悠了。”

妈妈为什么给表妹买娃娃，却不给我买

儿童节的时候，我给孩子买了他最喜欢的汽车模型，然后又给小侄女买了一套芭比娃娃。在去小侄女家的路上，孩子抱着芭比娃娃对我说："妈妈，把这个娃娃送给我，把汽车送给妹妹好不好啊？"

我说："娃娃是妈妈给妹妹买的礼物，你为什么要换呢？你不喜欢汽车吗？"

孩子说："可是，妈妈，我已经有好多汽车模型了，但是没有一个布娃娃。妈妈是不是偏心啊？"

"孩子，你怎么会这样想呢？妈妈什么时候偏心过啊？妹妹是女孩子，芭比娃娃是女孩子喜欢玩的。你是小男生，汽车、恐龙模型之类的是你们男孩子喜欢的。妈妈是根据你们的性别挑选礼物的，绝对没有偏心。"

"可是为什么男孩子就不能玩布娃娃呢？"

对于这个问题，要回答孩子，真的需要一定时间。我想起我们小时候，也喜欢问父母一些类似的问题。比如，小女孩为什么要扎辫子呢？小女孩能穿裙子，为什么男孩就不穿裙子呢？为什

么小女孩和小男孩要在不同的地方上厕所呢……那个时候，总是有太多的问题困扰着我们。

因为，孩子在小的时候还缺乏对性别的认知。

Q：“妈妈，为什么不给我买布娃娃？”

A：“很多孩子会有这样的疑惑。他们甚至会误以为布娃娃比他们手中的玩具贵，是大人们偏心了。其实不然，从小塑造孩子的性别意识特别重要。

“每个人的性别都是有两部分组成，一方面是天赋性别，是生下来就能决定的。而另一部分就是社会性别，是孩子在成长过程中渐渐形成的一种性别，也就是说自己或者自己生活圈子的人把自己当作男生或者是女生。

“很多父母并不重视对孩子社会性别的塑造。比如，明明是个小男孩，却常常把他当作小女孩抚养。给小男孩买裙子穿，给他扎辫子，打扮成女生，让他和小女生一起玩，买些女生的玩具给他。小时候，大家会觉得没什么，这孩子看起来挺可爱的。但是，随着年龄的增长，很可能让孩子产生性别认知错乱，当性别认知错乱之后，就会严重影响到他的整个人生。

“所以，为孩子买礼物也需要讲究。最重要的不是花多少钱，而是什么才是最适合孩子的，对孩子的成长有益的。”

你让我自己买票，但媛媛妈妈帮我买了怎么办

周末，我们带着孩子去恐龙博物馆参观，让他更全面地了解他最感兴趣的史前生物。

恐龙博物馆的成人票价为60元，未成年人半价。前一阵子刚教会孩子一些简单的运算，现在刚好可以考考他。

于是我问他："孩子，恐龙馆的票价为60元。但是未满18岁的儿童是半价。你看，现在妈妈应该给你多少钱买你的票呢？"

孩子眼珠子一转，立刻回答到："30元！对吧，妈妈？"

"呵呵，真聪明。好，现在妈妈给你30元，你去给自己买张半价票。"说完，我把30元零钱递给孩子。看着他兴奋地跑去排队买票了。

过了会儿，孩子拿着票回来了，但是他的神情有些奇怪。

孩子把30元钱递给我说："妈妈，不用我花钱了。"

我疑惑了，问他："怎么回事？售票叔叔忘记收你的钱了吗？"

孩子说："刚才去买票，碰见了媛媛和她妈妈。阿姨就帮我买了一张票。"

我说："妈妈不是已经给你钱了吗？怎么还要阿姨买呢？"

孩子说："我也准备自己买的，可是阿姨已经帮我买了，我不知道该怎么办。妈妈，是不是现在去把钱还给阿姨呢？"

这件事又让孩子纠结了。其实我们成年人有时也会遇到这样的困扰：在买东西的时候，突然遇到了熟人，他一定要帮你支付。这时候总会出现一个疑问："我们不想欠别人的，可是我们该怎么还他呢？"所以，从国外流传过来的"AA制"是相当有用的，如果大家都使用AA制，既简单，又礼貌。

Q：别人帮我付了钱怎么办？

A："孩子，下次再遇到这样的情况时，要么在这件事未发生之前阻止它；要么在这件事发生之后用巧妙的办法来挽回。但是切莫用有失情面的方式去应付。

"要知道，我们是礼仪之邦，中国人是最讲情面的。当别人帮你付钱的时候，最主要的原因是对你有种情分。那么，你欠别人的就不止是钱，而是人情。孩子，要知道，这世界上最容易欠下的是人情，最难还的也是人情。当你欠下别人的人情时，你要立刻用钱还给别人，就会伤害到别人。

"所以，你可以选择迂回的方式。比如，过一段时间，送媛媛一个小礼物，或者也帮媛媛付一次钱。这样你心里就会舒服一些了。

"但是，孩子，最好的办法则是在事情发生之前来避免它，这是需要一定技巧的。例如，当你准备买票的时候，看见媛媛和妈妈也在排队买票。这时你可以上前去和他们打个招呼，再借故离开，待会儿等媛媛和妈妈走远了，你再去买票。这样就不会有后面的烦恼了。孩子，你懂了吗？"

附录：按年龄分配五个账户

年龄	账户类型	应该具备的能力
2–5岁	储蓄账户	能够辨认纸币与硬币，知道纸币和硬币的面值，知道钱是从哪里来的，学会简单的金钱运算，懂得把钱积累起来
5–6岁	储蓄账户、消费账户	知道物品或服务需要用金钱交换，能看懂价格标签，知道可以通过做额外工作赚钱，并把钱存起来，知道什么是银行，什么是储蓄，拥有自己的储蓄账户
6 岁以上	储蓄账户、消费账户、分享账户、信用账户、投资账户	能够制定简单的开支预算，消费的时候有自制能力，知道选择和标价价格，懂得节约钱，以便大笔开销时使用，能够从广告和促销中发现事实，能够为自己的消费行为负责；知道将自己的钱用于简单的投资，例如股票、基金、黄金和保险；学会用自己的钱来感恩，知道慈善和志愿活动的真正价值与意义，愿意与别人分享自己的财富；知道借钱和还钱的原则与技巧，并拥有良好的借贷习惯